십 대를 위한
영화 속 빅데이터 인문학

십 대를 위한
영화 속 빅데이터 인문학

초판 1쇄 발행 2021년 1월 20일
초판 3쇄 발행 2021년 8월 10일

지은이 김영진
그린이 박선하
펴낸이 이지은 **펴낸곳** 팜파스
기획편집 박선희 **마케팅** 김서희, 김민경
디자인 조성미
인쇄 케이피알커뮤니케이션

출판등록 2002년 12월 30일 제 10－2536호
주소 서울특별시 마포구 어울마당로5길 18 팜파스빌딩 2층
대표전화 02－335－3681 **팩스** 02－335－3743
홈페이지 www.pampasbook.com | blog.naver.com/pampasbook
이메일 pampas@pampasbook.com

값 13,800원
ISBN 979－11－7026－377－7 (43550)

이 도서의 국립중앙도서관 출판시도서목록(CIP)은 서지정보유통지원시스템 홈페이지(http://seoji.nl.go.kr)와 국가자료공동목록시스템(http://www.nl.go.kr/kolisnet)에서 이용하실 수 있습니다.(CIP제어번호: CIP2020051750)

팜파스

—

들어가는 글

영화 〈죽은 시인의 사회〉는 미국의 웰튼고등학교 학생들에 관한 이야기입니다. 웰튼고등학교는 높은 명문대 진학률로 유명하지만, 학교생활은 사관학교처럼 엄격하여 모두 숨 쉬기조차 힘들어합니다.

이곳에 이 학교 졸업생인 키팅 선생님이 새로 부임해 옵니다. 키팅 선생님은 현재를 즐기라는 '카르페디엠'을 얘기하고, 직접 교탁 위에 올라가 학생들을 내려다보며 이런 말을 합니다.

"이 탁자 위에 올라선 이유는 이 교실을 다른 각도에서 보려는 거야. 어떤 사실을 안다고 생각이 들 때, 그것을 다른 관점에서도 바라볼 수 있어야 해."

본다는 것은 알게 되는 것이고 선택의 결과다

우리가 본다는 것은 내가 지금 어디에 있다는 것을 알려 줍니다. 우리의 몸이 그 공간 안에 머물러 있다는 것을 의미합니다. 하지만 같은 공간에 있는 사람들이 모두 같은 것을 보고 같은 것을 느끼는 것은 아닙니다. 누군가는 식당의 상호를 보고 누군가는 길에 떨어진 돌멩이를 보고 누군가는 가로수에 붙은 광고를 보는 그 시간 동안, 다른 사물들이 그 주변에 있는지조차 알지 못합니다. 물리적으로 같은 공간일지라도 사람들은 각자의 공간을 만들고 자신만의 세상을 가지는 것이죠.

이렇듯 우리가 본다는 것은 선택의 결과입니다. 선택한 그 장면을 사진으로 찍고 그림을 그려 놓고 글로 남겨 놓습니다. 그 기록을 통해 그 사람의 그 시간의 감정이나 느낌을 그대로 전해 받을 수 있습니다.

1895년에 영화가 탄생하면서 우리가 접하는 장소와 시간적인 제약에서도 벗어나게 됩니다. 우리는 해저를 여행할 수 있고 우주를 여행할 수 있습니다. 과거 멸종한 공룡과 만나고 슈퍼맨과 같은 다양한 초능력자를 만날 수 있습니다.

빅데이터를 영화처럼 볼 수 있다면…

빅데이터는 정보 시스템 속에 들어 있는 전자 신호에 불과합니다.

그런 빅데이터를 '미래 사회의 원유'라고도 부르는데, 그 이유는 뭘까요? 원유는 그 자체로 쓰이기보다 가공하여 비행기, 자동차, 공장을 움직이는 원료로 사용합니다. 빅데이터 역시 그런 의미가 큽니다. 미래 사회를 만드는 원료로서 빅데이터가 사용된다는 것이지요.

그렇다면 미래 사회와 빅데이터는 어떤 관계를 가지고 있을까요? 이것은 벽돌과 건물의 관계와도 같습니다. 우리는 벽돌로 다양한 형태의 건물을 만들 수 있지만 벽돌 한 장을 보고 지어질 건물을 추리하는 것은 어렵습니다. 완성된 건물을 보고 나서야 비로소 그 형태나 용도를 알 수 있습니다. 만일 우리가 빅데이터로 만들 수 있는 세상을 직접 볼 수 있다면 우리는 더욱 쉽게 빅데이터에 대해 이해할 수 있을 것입니다. 이런 면에서 영화는 빅데이터가 만들어 낼 세상과 다양한 현상들을 이해하는 데 가장 좋은 도구인 셈입니다.

내가 본 것은 사라지지 않는다 …
내 일부분이 되어 같이 살아간다

이 책을 준비하는 과정은 생각지도 못한 즐거움을 안겨 주었습니다. 그동안 잊고 지내던 오래전 다락방을 찾아가 마룻바닥에 추억의 장면을 꺼내 놓고 빅데이터에 대한 단서를 골라 보았습니다.

이런 과정이 영화 〈시네마 천국〉의 마지막 장면과 비슷하다는 생각이 들었습니다. 영화 감독이 된 토토는 영사 기사 '알프레도'의 장례식에 참석하고 그가 남긴 선물을 받습니다. 그것은 알프레도가 모아 놓은 삭제된 영상들이었습니다. 알프레도가 잘라 낸 키스 장면을 이어 붙여 토토에게 멋진 추억의 선물을 준비하듯이, 영화 속에 담긴 빅데이터의 힌트를 잘라 내고 이어 붙여 나가면 나도 새로운 한 편의 영화를 만들 수 있겠다는 생각이 들었습니다. 바로 빅데이터가 만든 세상이지요.

우리는 살면서 자연, 음악, 영화, 그림, 책 등을 접하며 때때로 차원이 다른 경험을 하게 됩니다. 이런 경험이 얼마나 많은지에 따라 한 사람의 인생을 만들어 나가는 데 큰 영향을 끼치기도 합니다. 미래는 주어지는 것이 아니라 현재 경험한 것을 재료 삼아 만들어 가는 것이기 때문입니다.

준비가 되셨다면 제가 보고 느낀 것을 당신과 함께 나누고 싶습니다.

—

차례

chapter 01

미래는 데이터를 먹고 산다

영화가 보여 주는 빅데이터의 세계

chapter 02

빅데이터가 우리 삶의 문제를 어떻게 해결해 줄까?

새로운 게임 체인저에 주목하라

chapter 03

우리가 궁금해하는 것은 대부분 보이지 않는 세계에 있다

빅데이터 보는 눈을 키우는 방법

chapter 04

빅데이터를 가장 맛있게 먹는 레시피

빅데이터는 어떻게 분석되고 또 활용되는가?

chapter 01

영화가 보여 주는
빅데이터의 세계
미래는
데이터를
먹고
산다

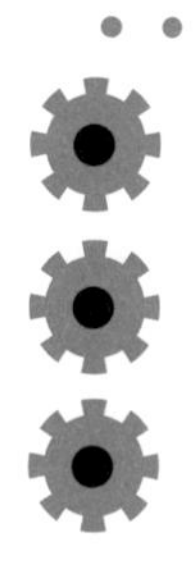

사람들은 이야기를 좋아합니다. 서점에 가면 다양한 이야기가 담긴 책들로 가득하고, 연극 · 영화를 관람하고, 라디오 · 신문 · 텔레비전 · 인터넷을 통해 세계 곳곳에서 벌어지는 다양한 이야기를 보고 듣습니다. 전화로 이야기를 하고, 커피숍에서 수다를 떨고, 모임에 나가 다양한 이야기를 나눕니다.

이 중에서도 가장 인기 많은 이야기 형식은 영화가 아닐까 싶습니다. 있을 법한 삶의 다양한 이야기를 실제 눈앞에서 펼쳐지듯이 그려 내는 영화는 아주 매력적인 매체입니다. 영화가 상영되는 1시간 반 동안 우리는 시공간을 뛰어넘어 영화 속 무대에 들어가 신비로운 세상과 영웅들의 삶을 경험하게 됩니다. 그리고 영화 속 삶은 뜻밖의 재미와 통찰을 선사하기도 하죠.

신문이나 방송을 보면 인공지능, 블록체인, 3D프린터, 로봇, 생명과학, 빅데이터에 대해서 많은 얘기를 하고 있습니다. 통계를 전공했거나 빅데이터와 관련된 일에 종사하는 사람들에게 빅데이터가 무엇이냐고 물어보면 대부분 선뜻 대답하기를 어려워합니다. 빅데이터가 무엇이고 무엇 때문에 우리가 관심을 두는지 한마디로 정의하기가 어렵기 때문입니다. 그래서 대부분의 사람들은 빅데이터를 그냥 '데이터가 많다. 데이터 종류가 폭넓다.' 정도의 의미로만 인식하는 것 같습니다.

하지만 빅데이터는 미래 사회의 거의 모든 영역과 관계를 맺고 있는 데다가 과학과 인문이 결합되어 있는 개념입니다. 그런 이유로 단 한마디로 설명하기가 어려운 것이지요.

그렇다면 빅데이터를 영화를 통해서 살펴보면 어떨까요? 그게 가능할까요? 결론부터 얘기하면 가능합니다. 많은 영화가 우리네 삶과 매우 비슷하면서 실제로 일어날지도 모를 세계를 그려 내고 있기 때문이죠. 영화는 앞으로 닥칠지 모를 위험이나, 인류가 만들어 나가고 싶은 미래 사회를 그려 낼 수가 있습니다. 그 안에는 빅데이터가 만들어 나갈 모습 또한 담겨 있습니다. 왜냐하면, 누군가 얘기한 것처럼 영화는 미래를 보여 주는 스포일러이기 때문이죠.

보이지 않는 세상에서 데이터가 된 인간들

—

〈매트릭스〉

「진실」이라는 것을 어떻게 정의할 수 있을까?

느낄 수 있고, 냄새를 맡거나, 볼 수 있는 것이 진실이라고 생각한다면

네가 생각하는 진실은 단지 뇌에서 해석되는 전기적인 신호일 뿐이야.

그게 네가 생각하는 세상이야.

_영화 〈매트릭스〉 중에서

영화를 보다 보면 간혹 기존과는 전혀 다른 색다른 볼거리나 이전과는 차원이 다른 과학 기술을 보여 주는 영화를 만나게 됩니다. 어떤 영화가 있었는지 한번 꼽아 볼까요. 인간이 누빌 또 다른 배경 무대로 지구를 벗어나 우주를 선보인 영화 〈스타워즈〉, 자동차가 로봇으로 변하는 메카닉 기술의 실사 구현을 깜짝 놀랄 만큼 생생히 만든 영화

〈트랜스포머〉, 3D 화면으로 신비롭고 온전한 가상 세계를 그려 낸 〈아바타〉가 떠오르네요.

| 영화 〈매트릭스〉 포스터

그리고 1999년에 개봉한 영화 〈매트릭스〉가 있습니다. 이 영화가 개봉되었을 때 많은 사람들은 격투 씬에서 화면이 정지된 상태로 360도 돌아가면서 보여 주는 액션 장면에 열광했습니다. 천천히 날아오는 총알을 곡예하듯이 피하는 장면은 감탄하면서 몇 번이고 돌려 봤었습니다. 이러한 감각적인 영상과 특수 효과에 못지않게 영화의 내용도 당시로서는 무척이나 충격적이었죠. 어떤 내용인지 살펴볼까요?

매트릭스는 컴퓨터가 만든 꿈의 세계입니다. 먼 미래, 인간은 편리한 삶을 위해서 기계를 발전시켜 스스로 생각하는 인공지능을 개발하게 됩니다. 스스로 생각하게 된 인공지능은 인간과 갈등을 겪게 되고, 로봇이 인간 주인을 살해하는 사건이 일어나죠. 이에 위협을 느낀 인간은 로봇을 제거하기 시작했습니다. 결국, 로봇과 인간의 전쟁이 일어나게 되었죠.

인간들은 싸움에서 밀리자 기계의 에너지원인 태양을 차단하기 위해 하늘을 오염 물질로 덮어 버렸습니다. 하지만 결국 기계가 승리하게 되었고 새로운 에너지원으로 태양 대신 인간을 사용하게 됩니다. 안정적인 에너지 공급을 위해 인간을 사육하고 그들의 정신을 '매트릭스'라는 가상 공간에 살아가도록 했죠. 거대한 닭장 같은 곳에 인간의 육체가 사육되는 장면은 지금 봐도 섬뜩합니다.

하지만 이 사육 시스템에도 오류가 있었습니다. 이런 오류로 인하여 일부 사람들은 자신이 가상 세계에 살고 있다는 것을 알게 되죠. 영화 주인공인 '네오'는 매트릭스 시스템에서 발생한 '오류'로, 자기가 사는 세계의 실체를 알게 됩니다.

가상 세계에서 벗어난 사람들은 시온이라는 곳에 모여 기계의 지배에서 인류를 해방시킬 준비를 하고 있었습니다. 시온을 이끌고 있는 모피어스는 네오에게 알약을 두 개 내밉니다. 파란 약을 선택하면 모든 것을 잊고 매트릭스 시스템 안에서 안정된 삶을 살아가게 됩니다. 빨간 약을 선택하면 가상 세계에서 깨어나 진실을 볼 수 있게 되죠. 네오는 빨간 약을 선택하고 분투 끝에 인류를 구하게 됩니다.

네오가 '기계에 대항할 수 있는 힘을 지닌 주인공'이 된 것은 정보를 통해 보이지 않는 세계 속 진실을 알았기 때문입니다. 그 결과, 네

오는 인류를 해방시키는 인물이 될 수 있었고, 선택의 자유를 누릴 수 있었습니다.

보이는 것이 진짜가 아닌 세상을 만나다

오늘날 빅데이터가 우리 사회를 떠들썩하게 만드는 이유는 바로 이 진실에 접근할 수 있는 단서를 담고 있기 때문입니다. 범람하는 데이터 속에는 우리가 알고 싶은 진실이나 통찰에 대한 정보가 담겨 있습니다. 미래 산업을 성공적으로 이끌고 흐름을 예측하는 데는 이 빅데이터가 핵심적인 역할을 해냅니다. 빅데이터는 4차 산업혁명으로 펼쳐진 첨단 기술 사회에서 막강한 힘이 되고 또 경쟁력이 됩니다.

하지만 보이지 않는 이면의 세상을 보는 일은 만만치 않습니다. 네오는 달콤한 가상 너머의 현실을 깨닫고 온갖 고난과 모험을 겪게 되지요. 네오가 겪는 고난을 보면 뭐하러 골치 아프게 진실을 꼭 알아야 하나 싶기도 합니다. 오히려 진실을 모르고 사는 것이 편하지 않나 싶은 생각마저 들지요. 하지만 인류가 탄생한 이래로 '감춰진 진실'을 알고자 하는 것은 인간의 본성과도 같았습니다.

유명한 고대 철학자 플라톤 역시 진실을 알기 위해 꾸준히 탐구했습니다. 그는 이데아를 통해 '진짜 세상'을 알고자 했지요. 그는 우리가 보는 이 세상 너머에 진짜, 진실만으로 존재하는 이상적인 세상이 있을 거라고 믿었습니다. 그곳이 바로 '이데아'입니다. 이데아에 대해 더 살펴볼까요.

이데아 세계는 불변하고 근원적인 세계입니다. 우리의 감각을 통해서는 볼 수도 만질 수도 없지만, 이성을 통해 파악될 수 있는 세상이지요. 감각적인 현실 세계는 이데아 세계를 모방한 가짜 세계에 불과하다고 합니다.

플라톤이 쓴『국가론』에서는 목수가 만든 실제 탁자와 목수의 마음속에 있는 탁자에 대한 비유를 통해서 이데아를 설명했습니다. 목수는 탁자를 마음속에 있는 모습대로 만들고 싶어 합니다. 하지만 못을 두드리는 각도나 잘라 낸 나무의 길이가 매번 달라서 도저히 머릿속에 있는 생각과 완전히 똑같은 탁자를 만들 수 없습니다. 그 결과, 마음속에 있는 비물질적이지만 완전한 개념인 탁자와 실제 물질 세계에 불완전하게 복제되는 탁자가 존재하게 됩니다. 플라톤은 이 비물질적인 개념에서 이데아를 찾았습니다. 반면에 우리 눈에 보이는 것은 모두 이데아 세상의 모조품인 셈이지요.

'진실이 담긴 세상'이라는 측면에서 이데아는 빅데이터에 대한 은유로도 생각해 볼 수 있습니다. 빅데이터 역시 현실의 한계를 뛰어넘은 통찰을 지향하기 때문입니다.

과학 기술의 발달로 미래 사회에는 현재를 기반으로 한 많은 가상 서비스가 펼쳐지게 될 것입니다. 다양한 정보 통신 기술들로 인해 우리 실제 삶은 디지털화되어 갈 것입니다. 그러면서 보이지 않는 가상의 영역은 점점 커지게 되지요. 어쩌면 현실보다 더 주가 될지도 모릅니다. 미래에는 이 가상의 세상을 어떻게 구현해 나가고, 현실의 삶과 어떻게 연결해 나갈지가 점점 중요해질 것입니다. 그리고 그 단서를 우리는 빅데이터를 통해 얻을 수 있을 것입니다.

한편 영화 〈매트릭스〉는 진실을 깨우친 인간의 승리만 그려 내지는 않습니다. 진실을 깨닫고 인간성을 회복하기보다는, 거대한 시스템 속에서 그저 일개 데이터로 살아가며 쾌락을 선택하는 인간의 모습도 보여 줍니다.

영화 속 한 인물은 매트릭스 세계가 가상이고 자신이 그 속에서 입력된 정보만 본다는 걸 알게 됩니다. 진실을 알게 된 것이지요. 그러나 그는 네오와 달리, 가상 시스템 안에 머물기를 원합니다. 그는 스테이크를 먹고 있지만, 실제 고기를 씹는 것이 아니라 뇌의 신호를 보내 고기를 씹고 있다고 생각하게 만든 것임을 알지요. 그럼에도 그는 스테이크를 먹는 기쁨을 만끽하고자 가상에 있기를 원합니다.

영화 〈매트릭스〉는 빅데이터로 인해 펼쳐지는 미래 사회에서 인간의 삶이 어떻게 흘러갈 수 있는지를 보여 줍니다. 한 인간으로 존재할지, 한 데이터로 존재할지를 묻고 어떤 가치가 더 중요한지 우리에게 질문합니다.

과학과 인문 사이에서 태어난 빅데이터

미래 과학의 대표 주자 빅데이터를 얘기하면서 철학 얘기를 꺼내는 것이 의아할지도 모르겠습니다. 그것은 빅데이터에 철학과 과학이라는 두 영역이 혼재되어 있기 때문입니다. 이 철학과 과학이라는 전혀 닮지 않은 두 학문은 '진리를 알아내는 방법'이라는 공통점이 있습니다.

빅데이터는 전산 시스템상에 존재하는 전기적인 신호가 아니라 인문과 과학처럼 세상을 이해하는 단서로 바라봐야 합니다. 그렇기에 빅데이터를 이해하기 위해서는 인간이 '진실'을 알기 위해 어떤 과정으로 생각을 발전시키고, 정보를 얻었는지를 살펴보는 것이 좋을 듯합니다.

플라톤의 시대에는 관념적으로 이 세상을 이해하려고 했습니다. 그러다 17세기에 들어와서는 지식을 검증하는 절차를 중요하게 여겼습니다. 관념적인 생각에서 벗어나 경험을 통해서 직접 관찰하고 실험하면서 지식을 쌓아야 한다고 주장하는 사람이 나타나기 시작한 것입니다.

| 프랜시스 베이컨

가장 대표적인 사람이 영국의 프랜시스 베이컨(1561~1626)입니다. 프랜시스 베이컨은 중세 철학에서 벗어나 과학적 지식을 중요하게 여기고 경험을 강조하여 과학 시대를 이끈 철학자입니다. 그는 지식을 얻기 위해 과학적 방법론을 제시하였습니다. 베이컨은 될 수 있는 한 아무것도 전제하지 않고 사물과 자연

을 보려고 해야 한다고 얘기했습니다. 즉 있는 그대로 관찰하고 실험을 통해 증명된 경험들을 축적해 나가야 한다는 겁니다. 베이컨은 모든 사실을 빠짐없이 수집하여 목록을 만들고, 비교 정리하는 것은 물론 지속적인 관찰을 해야 한다고 주장했습니다. 뿐만 아니라 검증을 위한 실험을 계획하고 진행하자고 했지요.

실험, 관찰, 기록 등의 과학적 방법은 뉴턴의 고전 역학, 라부아지에의 산소 발견, 찰스 다윈의 진화 이론, 멘델의 유전 법칙으로 이어지는 과학혁명을 이룩했습니다. 또한 과학적 접근방법은 그저 느끼고 관념적으로 상상하던 자연의 세계 혹은 사회 현상 등을 일정한 형태의 정보로 표현할 수 있게 했지요.

사람들은 이제 자연 현상이나 사회적 사건들을 이를테면 숫자나 기호 같은 '형태'로 표현할 수 있게 된 것입니다. 사실 자연의 상태를 숫자로 표현하는 일은 굉장히 어렵고 또 대단한 일입니다. 저울, 망원경, 온도계, 자와 같은 측정 도구가 발명되기 전에는 그저 현상이고 상태에 불과했지요. 과학의 힘으로 측정 도구들을 만들어 세상의 모든 것을 숫자로 표현하기 시작했습니다.

이렇게 얻은 숫자들은 하나하나 데이터가 됩니다. 사람들은 이 데이터로부터 어떻게 지식을 정의하고 증명할까를 고민하기 시작했습니다. 그리고 이런 데이터를 모아서 분석하고 검증하면서 필요한 지식을 알아내는 속도도 빨라집니다. 이러한 과학의 흐름 속에 빅데이터가 나오게 됩니다. 빅데이터 또한 이런 자연, 사회, 경제 활동에서 일어나는 일들과 사실을 표현한 다채로운 정보들이니까요.

빅데이터가 지식을 얻는 방식을 바꾼다

자, 그렇다면 이토록 자주 언급되는 빅데이터는 무엇을 말하는 것일까요. 2001년 미국의 리서치 기업 가트너의 애널리스트인 더그 레이니는 연구 보고서에서 빅데이터의 세 가지 특징(이른바 3V)을 말했습니다. 바로 '데이터의 양(volume)', '데이터 입출력 속도(velocity)', '데이터 종류의 다양성(variety)'이지요. 빅데이터는 이전과는 차원이 다른 양과 속도, 다양성을 지녔습니다.

정보 통신의 발달로 다양한 센서가 개발되고, 생활 속에서 스마트폰이나 인터넷을 사용하면서 엄청난 양의 데이터가 실시간으로 쏟아져 나옵니다. 이 데이터들은 텍스트, 이미지, 오디오, 영상과 같이 형태도 다양하지요. 이렇게 쏟아지는 거대한 데이터들을 '빅데이터'라고 합니다.

예전에도 데이터라는 말은 있었는데, 왜 갑자기 빅데이터라는 말을 쓰는 걸까요? 기존의 '데이터'와 '빅데이터'의 차이는 바로 지식을 얻는 방법의 차이와 같습니다.

데이터 시대에는 지식을 얻기 위해 그와 관련된 자료를 수집해야 했습니다. 자로 길이를 재고, 저울로 무게를 측정하고, 온도계나 나침반, 시계 등으로 측정해야 했습니다. 기업이나 연구자들도 어떤 사실을 알기 위해서 설문지를 만들고 대상자들에게 설문지를 돌려 응답을 받은 후 컴퓨터로 그 결과를 분석하고 그래프로 그려 보는 방식으로 정보를 얻었습니다.

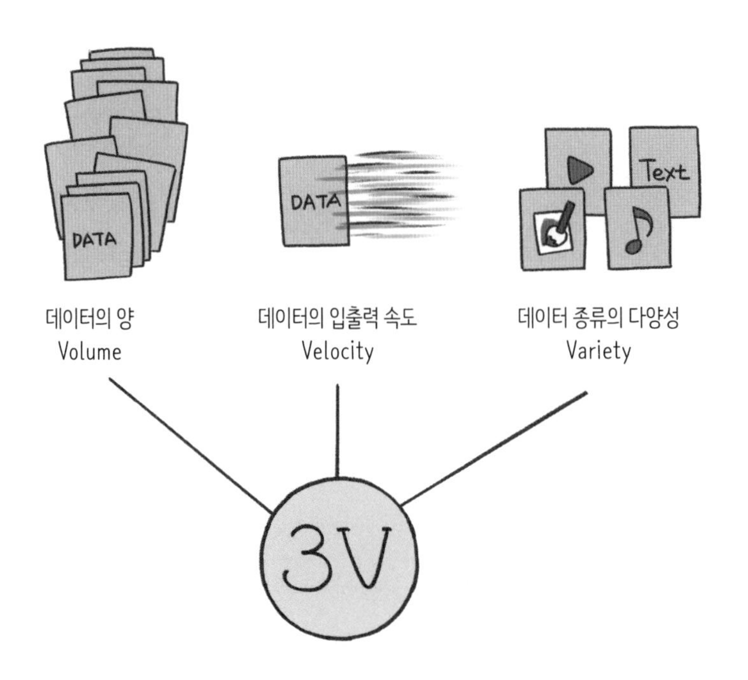

그런데 빅데이터 시대에서는 이러한 방식이 달라집니다. 데이터도 이제 스마트폰이나 인터넷을 통해 자동으로 대량 생산됩니다. 앞으로 사물 인터넷 시대가 되면 사물과 사람, 사물과 사물이 데이터로 커뮤니케이션하는 시대가 올 것이라고 합니다. 그러면 그 모든 활동에서 데이터가 또 생산되겠지요. 그리고 그 데이터를 통해 또 다른 차원의 커뮤니케이션을 해 나갈 것입니다.

즉 이전에는 우리가 알고자 하는 대상에서 어떻게 데이터를 수집하고 만들어 내야 하는가가 문제였다면, 이제는 마구 쏟아지는 다양한 데이터 속에서 무엇을 알고 싶으며 어떻게 정보를 추출할 것인가로 지식을 얻는 패러다임이 바뀌어 가고 있는 것입니다.

이렇게 데이터와 빅데이터의 차이는 바로 지식을 얻고, 데이터를 기반으로 해서 생각해 나가는 방식의 차이라고 말하고 싶습니다. 과거 석탄과 석유가 새로운 산업 혁명을 일으켰듯이 앞으로는 빅데이터가 새로운 혁명을 일으킨다고 얘기하는 것은 바로 이러한 관점의 변화 때문입니다.

정보를 얻는 자가 전쟁에서 승리한다

〈이미테이션 게임〉 〈다이하드 4〉

모든 기습 공격 내용이나 수송 작전, 비밀 호송,

대서양 전쟁터에 있는 유보트에 대한 정보가

저 기계 속으로 들어가서 암호화되어 나오지.

_영화 〈이미테이션 게임〉 중에서

인류의 역사를 되돌아보면 무수히 많은 전쟁이 일어났습니다. 작은 싸움의 승패는 강력한 무기나 용감한 전사들에 의해 갈리기도 합니다. 하지만 최종적인 결과는 결국 정보에 의해 승패가 정해지는 경우가 많았습니다.

독일의 군사 평론가인 클라우제비츠는 정보란 적과 적국에 대한 지식의 전체를 의미하기 때문에 전쟁에서 아군의 모든 계획과 행동의 기초를 이룬다고 말했습니다. 군사력을 어떻게 운용하고 어떠한 전략과 전술을 사용해야 하는지 결정하는 데 정보가 큰 영향을 미치기 때문이죠.

서로의 정보를 알아내기 위해 총력을 기울이는 정보전을 그린 영화가 있습니다. 바로 영화 〈이미테이션 게임〉입니다. 영화 〈이미테이션 게임〉은 수학 천재 앨런 튜링이 제2차 세계 대전에서 독일군의 기밀 정보를 암호로 만들어 낸 '에니그마'를 해독하는 과정을 그려 냈습니다. 제2차 세계 대전에서 연합군이 독일군을 이길 수 있었던 것은 바로 독일의 암호를 해독했기 때문이었죠.

제2차 세계 대전 당시 독일군의 복잡한 숫자 암호 조립기인 '에니그마'는 매일 암호 체계가 바뀌는 그야말로 해독이 불가능한 암호 생성기였답니다. 이에 연합군은 컴퓨터의 아버지로 알려진 수학 천재 앨런 튜링을 포함한 암호해독 팀을 결성합니다. 당시 천재들만 모아 둔 암호해독 팀은 독일군의 암호를 해독하려고 시도했죠. 그러나 단서를 잡으려 하면 다음 날 새로운 암호 체계가 바뀌는 탓에 번번이 실패로 돌아갑니다.

| 앨런 튜링

앨런 튜링은 이런 생각을 합니다. '기계도 생각할 수 있을까. 기계가 만들어 내는 암호는 사람이 아닌 기계를 이용하면 해결할 수 있을 거야.' 그렇게 그는 암호를 해독하는 기계를 만드

는 작업에 몰두합니다. 하지만 초창기 컴퓨터 모델로는 방대한 경우의 수를 다 계산하는 데 많은 어려움이 따랐습니다.

그가 암호를 해독해내는 계기는 뜻밖에도 인간의 습관에서 비롯되었습니다. 아무리 완벽한 기계라도 그것을 사용하는 것은 인간이죠. 독일군의 전화를 도청하는 여직원에게서 독일군들이 사람마다 특정 호칭을 붙인다든지 자주 사용하는 말이 있다는 사실을 알게 됩니다. 암호 체계가 매일 바뀐다 해도 마지막에 특정한 인사말을 매번 붙인다면 그것을 암호 해독의 힌트어로 삼아 볼 수 있겠다고 생각한 거지요. 그 말은 바로 '하이 히틀러'였습니다.

앨런 튜링과 암호해독 팀은 이 단서를 데이터로 삼아서 결국 '에니

그마'라는 최고의 암호기를 해독하는 기계 장치 '봄브'를 개발해 냅니다. 독일군의 암호를 해독해서 전쟁의 핵심 정보를 손에 넣게 되지요. 이 봄브는 '최초의 전자식 컴퓨터'라고 불리는 '콜로서스'의 전신이 됩니다.

앨런 튜링은 그의 생각대로 '문제를 해결할 수 있는 기계'를 만든 것입니다. 이렇게 모든 문제를 순서대로 해결할 수 있는 기계적 절차를 '컴퓨터 알고리즘'이라고 부릅니다. 오늘날에도 컴퓨터가 어떤 동작을 하거나 일을 처리할 수 있는 것은 바로 알고리즘의 결과입니다. 알고리즘에 대해서는 뒤에서 자세히 살펴보도록 하겠습니다.

정보의 주도권을 쥔 연합군은 자신들이 암호를 해독했음을 철저히 숨기면서 이를 역이용합니다. 앨런 튜링은 연합군이 암호를 해독했다는 것을 독일군이 알아채지 못하도록 꼭 이겨야 하는 전투에서만 승리할 수 있도록 작전을 짭니다. 이렇게 해서 작은 전투에서는 지더라도 최종적으로 전쟁에서 승리를 거둘 수 있었습니다.

불편한 진실, 전쟁이 과학 기술의 발전을 이끌다?

아이러니하게도 많은 것을 파괴하는 전쟁이 과학 기술을 단기간에 발전시켰습니다. 제2차 세계 대전의 정보전이 없었다면 앨런 튜링은 암호해독기 '봄브'와 '콜로서스'를 한참 뒤에나 만들었을지 모릅니다. 봄브와 콜로서스의 개발은 튜링이 연구에 몰두할 수 있었기에 가능한 일이었고, 그가 그럴 수 있었던 건 그의 연구를 국가에서 전폭적으로 지원했기 때문입니다.

전쟁이 일어나면 나라는 국민의 생존이 위협받는 상황에 봉착합니다. 돈이 얼마나 들든, 얼마나 많은 사람을 동원하든, 전쟁의 승리라는 목적을 이루어 내야만 하지요. 연구 윤리나 시장성과 같은 조건도 부수적인 목적이 되어 버립니다. 수단과 방법을 가리지 않고 짧은 시간에 연구 결과를 내야 하지요. 재미있는 건 이런 절박한 상황에서 탄생한 많은 기술들이 전쟁이 끝나면 다른 분야에도 적용되어 우리 생활 속으로 들어온다는 사실입니다.

제2차 세계 대전 때 비행기의 폭격을 막기 위해 많은 나라가 엄청난 돈과 인력을 들여 레이더 기술을 연구하였습니다. 전쟁의 운명을 좌우했던 레이더 기술이었지만 전쟁이 끝나자 이 기술을 활용해 사람들에게 판매할 수 있는 소형 제품을 만들었습니다. 그것이 바로 전자기파로 음식을 가열하는 전자레인지입니다. 또 레이더 기술은 선박의 항해와 충돌 방지의 용도로도 사용되었고 먹구름, 빗방울, 우박, 폭풍 같은 날씨를 감지하는 기술에도 사용됩니다.

테팔 프라이팬은 음식물이 조리 과정에서 달라붙지 않아 주방에서 많이 사용합니다. 그런데 이 프라이팬에도 원자 폭탄을 만들면서 개발된 기술을 사용됐습니다. 테플론은 원자 폭탄 제조에 필수적인 6불화 우라늄 가스에 견디는 화학 물질이고 이 테플론을 알루미늄 프라이팬에 결합시킨 것이 바로 테팔 프라이팬입니다.

인터넷 역시 전쟁 기술의 결과물입니다. 미국은 소련과의 핵전쟁이 일어나더라도 전체 네트워크가 다 파괴되지 않고 살아남을 수 있도록 '분산 네트워크'를 만들었습니다. 통신 체계가 중앙 집중화되거나 단일화되지 않게 한 것이지요. 핵전쟁으로 통신망이 끊어지더라도 남아 있는 일부 통신망으로 군사 명령이나 정보를 전달할 수 있게끔 거미줄처럼 상호 연결된 네트워크를 구축하였습니다. 이것이 오늘날 인터넷으로 발전했답니다. 이외에도 전쟁을 통해 발전한 과학 기술은 수없이 많습니다.

사이버 공간에서 정보 전쟁은 어떻게 벌어질까

제2차 세계 대전에는 레이더, 음파탐지기, 고주파 방향탐지기 등이 개발되어 전쟁에 활용되었습니다. 과거처럼 정보원을 적지에 보내지 않고 적이 발신한 전파만 감청 해독하는 방향으로 정보 수집이 변화되었습니다.

이처럼 정보통신 기술의 발달은 오늘날 전쟁의 방식을 바꾸어 놓았습니다. 즉 총칼로 적군을 무찌르는 것이 아니라, 핵심 데이터와 시스템을 무력하게 만드는 방식으로 전쟁의 양상이 달라지는 것이지요. 현대의 첨단 군사 시설이나 전투기, 미사일 같은 무기에는 소형 컴퓨터 같은 디지털 정보 처리 기기가 부착되어 있습니다. 군대라는 조직을 관리하고 운영하는 명령 체계도 컴퓨터 시스템에 의존하고 있지요. 앞으로는 전쟁도 사이버 전쟁이 될 것입니다. 실제 미국 국방부

펜타곤에만 1만 5000개의 컴퓨터 네트워크가 있으며, 여기에 700만 대에 달하는 컴퓨터 또는 정보 기술 장치가 연결되어 있다고 합니다.

미국 국방부 펜타곤은 사이버 전쟁 시나리오를 다음과 같이 그려 냅니다. 먼저 적국의 통신회사를 노립니다. 컴퓨터 바이러스를 퍼트려 통신망을 무너뜨립니다. 그런 다음 컴퓨터 논리 폭탄(logic bomb)과 전자펄스 폭탄으로 정부 기관의 컴퓨터 시스템을 망가트립니다.

논리 폭탄은 특정한 시간에 활동을 시작하여 컴퓨터 파일에 있는 데이터를 지우도록 하는 프로그램입니다. 이 논리 폭탄을 써서 항공·교통 시스템을 파괴합니다.

그리고 전자펄스(EMP) 폭탄으로 모든 전자 부품을 녹여 버려 목표로 삼은 전산 시스템을 파괴합니다. 영화 〈매트릭스〉에서 이 EMP 폭탄의 위력을 볼 수 있습니다. 인간들을 찾는 기계들의 공격을 막아내기 위해 EMP 폭탄을 터트립니다. 그 순간 EMP가 지닌 엄청난 에너지 때문에 회로에 과전류가 흘러 모든 전자 기기가 마비되는 장면이 나옵니다. 전자기 펄스는 짧은 시간에 퍼져 나가는 강력한 파장인 펄스 형태로 방출되는 전자기파입니다. 이 강력한 전자기파는 순간적으로 큰 전류가 흐르도록 해서 전자 제품의 회로를 태워 버린다고 하네요.

이렇게 통신 · 교통 · 금융을 마비시키면 국가의 모든 기능이 정지해 버리게 됩니다. 이런 상황에서 통신이나 방송에 가짜 정보들을 퍼뜨립니다. 그러면 사람들은 모두 혼란에 빠지게 될 것입니다.

이런 사이버 전쟁을 미리 엿볼 수 있는 영화가 바로 〈다이하드 4〉입니다. 영화 〈다이하드〉 시리즈는 주인공 존 맥클레인이 범죄 조직에 홀로 맞서 끈질기게 악당을 괴롭히면서 물리치는 스토리로 유명합니다. 4편에서는 존 맥클레인이 정부의 전산망을 장악하려고 하는 테러범들과 맞서는 내용이 펼쳐집니다.

| 영화 〈다이하드 4〉 포스터

영화 속 이야기를 좀 더 구체적으로 살펴볼까요? 테러범 토마스 가브리엘은 미국 정부의 네트워크 시스템을 설계한 천재 과학자였지만

정부로부터 배척당하자 앙심을 품습니다. 그리고 '파이어 세일'이라고 불리는 테러를 감행합니다. 파이어 세일은 국가의 기반 시설을 노리는 사이버 테러입니다. 1단계는 교통기관 시스템의 마비, 2단계는 금융망과 통신망의 마비, 마지막 3단계는 가스 · 수도 · 전기 · 원자력 체계를 공격하는 것입니다.

영화 속에서 테러 조직은 교통 신호를 마음대로 조정하여 도로를 마비시키고, 교통 · 방송 · 전기 · 가스 · 금융 시스템을 장악해 버립니다. 경찰들은 통신망을 도청당하고 공군 전투기까지 마음대로 조정당하지요. 그야말로 한순간에 모든 국가 체계가 마비되어 버립니다. 테러 집단은 방송을 통해 '아무와도 교신 못하고 아무도 돕지 못하는 위험한 사회'라는 문구를 보여 주며 무기력한 정부를 조롱합니다.

모든 것이 통신과 디지털화되어 가는 지금, 이러한 전쟁이 과연 영화 속에서만 가능한 일일까요? 그렇지 않습니다. 실제 해커들이 국가 시스템을 공격한 사례도 있답니다.

2003년 8월 당시 미국 북동부 지역 7개 주에 정전 사태가 일어났습니다. 이 정전은 발전소 중앙제어 시스템이 '블래스터 웜 바이러스'에 감염되어 발생한 것이었습니다. 우리나라도 2013년에 악성코드 공격으로 인해 방송사, 금융기관 전산망 마비 사태가 발생하였고, 2014년에는 한국수력원자력 원전 도면이 유출되는 사건이 발생했지요. 이외에도 많은 국가에서 발전소와 산업 시설이 해킹당하는 사건이 일어났습니다. 정보와 통신을 기반으로 된 사회가 구축되어 갈수록 이러한 위협은 점점 커지게 될 것입니다.

심지어 소규모 해킹이 아닌 전쟁 규모의 사이버전이 일어났던 적도 있었습니다. 1991년 걸프전쟁입니다. 전쟁이 일어나고서 이라크는 너무 쉽게 패전국이 되었습니다. 그 이유는 미국이 전쟁 초기 이라크의 주요 통신 시설을 불능 상태로 만들었기 때문입니다.

걸프 전쟁 당시 네덜란드 해커들은 이라크의 대통령 사담 후세인에게 중동 지방에서 미군의 작전 능력을 무력화해 주겠다는 거래를 제안했던 것으로 알려졌습니다. 당시 정보의 위력을 이해하지 못했던 후세인은 이 제안을 거절했다고 합니다. 만약 후세인이 그 제안을 받아들였다면 인터넷 의존도가 높은 미국은 큰 어려움을 겪었을 거라고 얘기합니다. 정보 기술과 데이터가 더욱 중요해지는 미래 시대에는 인공지능의 발달로 해킹이나 바이러스와 같은 사이버전이 더욱 심화될 것으로 예상됩니다.

모든 것은 연결되어 있다

—

〈아바타〉

전기화학적 작용을 이용하여 나무들은 뿌리를 통해 서로 소통하고 있어요.

마치 인간의 뇌 신경 세포인 뉴런을 시냅스가 이어 주듯이요.

나무 한 그루는 주변에 있는 나무 1만 그루와 연결되어 있죠.

판도라 행성에는 1조 그루의 나무가 있어요.

인간의 뇌보다 더 많이 연결되어 있어요. 바로 네트워크죠.

_영화 〈아바타〉 중에서

미래 사회와 4차 산업혁명에 대해 이야기할 때 많은 사람이 인공지능과 로봇에 관해서 이야기합니다. 여기에 미래 사회를 구현하는 핵심 키워드로 '통신 기술'을 더하고 싶습니다. 왜냐하면 미래는 점점 많은 것들이 연결되는 사회가 될 것이기 때문입니다. 컴퓨터와 컴퓨터뿐만이 아니라, 각종 사물끼리의 연결, 도시와 사람 사이도 연결하는 초연결의 시대가 열리게 되는 것입니다.

2009년에 개봉된 영화 〈아바타〉는 우리나라에서만 천삼백만여 명의 관객 수를 기록한 작품입니다. 이 영화는 초연결이 어떻게 구현되는지를 환상적으로 보여 줍니다. 다른 개체와의 연결은 물론 행성과 물질 간의 연결도 그려 냈습니다. 영화의 이야기를 살펴볼까요?

2154년 에너지가 바닥난 지구인들은 우주로 눈을 돌립니다. 그리고 4.4광년 떨어진 행성 판도라에서 자원을 채굴하려고 하지요. 판도라 행성에는 1kg당 무려 2000만 달러(우리나라 돈으로 약 230억 원)에 달하는 귀중한 자원, 언옵타늄이 매장되어 있습니다. 언옵타늄은 초전도체로 전기 저항이 없고 자기장을 밖으로 밀어내는 성질을 가진 물체입니다. 자기 부상 열차와 같이 초전도체를 자석 위에 두면 떠 있는 것처럼, 언옵타늄이 다량으로 매장된 판도라 행성에는 많은 섬들이 공중에 떠 있습니다.

판도라 행성에는 또 하나의 특성이 있는데, 바로 전체 행성이 하나의 네트워크로 연결되어 있다는 것입니다. 모든 생명체가 연결되어 정보와 에너지를 주고받습니다. 판도라 행성에서 살아가는 나비족은 이크란이라는 동물과 서로의 신경을 연결하여 비행할 수 있고, 나무와 연결하여 정보를 주고받을 수 있습니다.

판도라 행성에 도착한 지구인들은 자원을 채굴하려 하는데, 이것이 쉽지만은 않습니다. 일단 판도라 행성의 대기에는 인간에게 치명적인 독성이 있습니다. 그래서 지구인은 판도라 행성에 사는 나비족

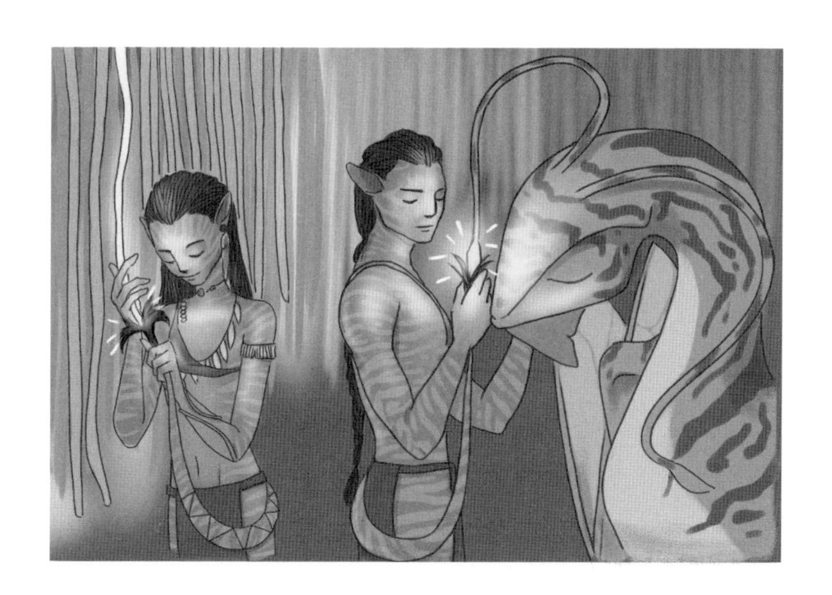

의 DNA와 인간의 DNA를 혼합해 인간이 조종 가능한 생명체인 아바타를 만듭니다. 자신의 DNA를 가진 나비족의 모습을 한 아바타에 의식을 주입하여 원격으로 아바타를 조정할 수 있는 것입니다. 한 사람당 하나의 아바타만 가지게 되고 이들의 신경은 서로 연결되어 있습니다. 아바타가 활동하면 인간은 잠들게 되고 그 반대인 경우는 아바타가 잠들게 됩니다.

하반신이 마비된 전직 해병대원 '제이크 설리'는 이 아바타 프로그램에 참여할 것을 제안받습니다. 과학자인 그의 쌍둥이 형이 사고로 죽자 DNA가 같은 제이크 설리가 대신 아바타 프로그램에 참여하게 된 것입니다.

나비족의 서식지 아래에 많은 언옵타늄이 매장되어 있는 것을 안

마일즈 쿼리치 대령은 제이크 설리를 이용해 나비족을 다른 곳으로 이주시키려 합니다. 하지만 제이크는 나비족과 생활하면서 그들의 삶에 동화되고, 지구인의 폭력적인 자원 채굴 계획에 반대하게 됩니다. 결국, 제이크는 나비족과 같이 싸워 판도라 행성을 지구인으로부터 지켜 냅니다.

제이크처럼 또 다른 신체인 아바타와 연결되어 몸을 조종하는 것이 영화 속에서만 가능한 일일까요? 인간의 뇌는 수천억 개가 넘는 신경세포(뉴런)로 이루어져 있습니다. 뉴런은 시냅스를 통해 전기와 화학 신호를 전달합니다. 이런 전기적 신호를 전달하는 과정에서 미세한 전류와 파장이 나오는데 이를 뇌파라고 합니다. 실제로 뇌 속의 전기 신호나 뇌파를 이용해 기계를 움직이려는 연구가 진행되고 있습니다.

또한 사용자가 어떤 생각을 할 때 나타나는 뇌의 신경 패턴을 인식하고 그 내용을 분석하고, 컴퓨터를 통해 표현하는 연구도 진행 중입니다. 케임브리지대학교에서는 눈으로 모니터를 움직여 환자의 의사를 표현할 수 있는 '홍채 · 컴퓨터 인터페이스'를 개발 중이라고 합니다.

이뿐만이 아닙니다. 컴퓨터가 인간의 근육 움직임과 안구 운동을 감지하여, 이를 통해 사람과 컴퓨터가 통신할 수 있습니다. 이런 기술을 활용해 심한 충격이나 질병을 앓고 있는 마비 환자들이 눈을 움직이거나 어떤 동작을 함으로써 자신의 의사를 표현할 수 있습니다. 루게릭병을 앓은 과학자 스티븐 호킹 박사는 뺨을 움직여 안경에 있는 스위치에 자극을 주어 센서를 움직이면서 대화했다고 합니다.

최근에는 뇌파를 이용해 마비된 팔다리를 다시 움직이게 하는 치료 기술을 개발하고 있습니다. 미래에는 아마 '생각'만으로 로봇이나 기계를 움직일 수 있는 세상이 펼쳐질 것입니다. 그리고 이제 사람과 기계와의 연결만이 아니라 사물과 사물의 연결까지도 시도하고 있습니다. 바로 '사물 인터넷'입니다.

| 스티븐 호킹 박사

모든 것이 사물 인터넷으로 연결된다

판도라 행성처럼 이제 우리 사회는 점점 모든 것이 빠르게 네트워크화되고 있습니다. 1876년 미국의 과학자 벨이 유선 전화기를 발명하고 보급률이 10%에서 90%에 도달하는 시간은 73년 걸렸습니다. 1990년대에 대중화된 인터넷은 25년 만에 전 세계 인구의 절반을 인터넷으로 연결되게 만들었지요. 휴대 전화가 대중화되는 기간은 겨우 14년에 불과합니다.

현재는 인터넷을 통해 컴퓨터나 휴대 전화가 서로 연결되어 있는 수준이지만, 미래에는 주변의 모든 사물 예컨대 전등, 자동차, 냉장고, 에어컨, 더 나아가 학교, 회사, 커피숍, 버스 정류장과 같은 생활 공간까지 인터넷으로 서로 연결될 것입니다. 소프트뱅크 손정의 회장은 2040년에는 1인당 1000대의 장치가 인터넷에 연결된다고 말했습니다.

이렇게 사물들이 인터넷으로 서로 연결되어 데이터를 주고받으며 새로운 개념의 가치와 서비스를 만들어 내는 것을 '사물 인터넷(Internet of Things)'이라고 합니다. 말 그대로 인간의 개입 없이 물건끼리 알아서 인터넷으로 필요한 정보를 주고받게 하는 기술입니다.

사람이 작동시키지 않아도 유·무선 통신망으로 연결된 기기들이 알아서 센서 등을 통해 수집한 정보를 서로 주고받아 일을 처리하는 것을 의미합니다. 사물이 주변의 정보를 수집하고 이 정보를 다른 기기와 주고받으며 스스로 적절한 결정도 내릴 수 있습니다. 사람이 일일이 조작하거나 지시하지 않더라도 기계가 알아서 일 처리가 가능해진다는 것입니다. 그리고 이 모든 것은 다 빅데이터가 있기에 가능한 기술들입니다.

카이스트 바이오 및 뇌공학자인 정재승 교수는 현대 사회가 가는 방향에 대해서 이렇게 얘기하고 있습니다.

"우리를 둘러싼 세상을 고스란히 디지털화한 뒤, 그 엄청난 양의 빅데이터를 인공지능으로 분석해 '저비용 고효율'을 넘어 새로운 차원의 서비스를 제공하는 시대로 가고 있다."

모든 것이 디지털화되고 데이터화되어 연결된다

사물 인터넷을 구현하기 위해서는 '센싱 기술'이 필요합니다.

센서는 자연에 존재하는 물리량(빛, 온도, 거리, 무게, 소리)의 크기를 전기 신호로 변환하는 전자 부품입니다. 센서를 통해 온도, 습도, 조도, 열, 가스, 연기, 풍향, 움직임 등의 정보를 얻을 수 있습니다. 센싱 기술은 이런 센서들로부터 정보를 수집하고 처리 및 관리하여 사용자들에게 서비스를 구현하는 기술입니다.

앞으로 자동차, 대형 마트의 상품, 집 안에 있는 가전 기기, 공장 생산 설비 등 모든 사물에는 센서가 부착될 것입니다. 마치 사람들이 오감(시각, 청각, 후각, 미각, 촉각)을 통해서 정보를 받아들이듯, 연결된 사물을 통해 엄청난 데이터가 생성되고 인공지능은 이런 빅데이터를 정보로 바꾸어 줄 것입니다. 이렇게 사물 인터넷과 인공지능이 결합하면 기계가 점점 더 똑똑해질 것입니다. 그래서 4차 산업혁명은 모든 것이 서로 연결되고 더욱 지능화된 사회로 변화될 것으로 예상합니다.

마이크로소프트사는 "사물 인터넷과 빅데이터의 본질은 같다"라고 얘기합니다. 이 말은 사물 인터넷을 특별하게 만드는 것은 '사물'이 아닌 '빅데이터'로 이 빅데이터를 활용할 때에야 사물 인터넷의 가치가 나타난다는 의미입니다. 초연결된 세상에서 주고받는 대상은 곧 데이터이기 때문입니다. 사물들은 감지기를 통해 스스로 자기의 상태를 점검하고 필요한 조치 상황을 스스로 알려 올 것입니다.

이렇게 데이터가 서로 연결되고 함께 모였을 때 지금까지와는 다른 새로운 서비스가 개발될 수 있습니다. 미래학자 데이비드 스티븐슨은 『초연결』이란 책에서 제품이 스스로 생각하고 말을 거는 세상이 올 것이라고 말했습니다.

이와 같은 미래를 대비해 현재 많은 기업이 사물 인터넷 제품과 시스템을 구축하고 있습니다. 일본의 건설 · 광산 기계 제조업체인 코마츠 회사는 굴착기, 불도저에 각종 센서를 부착했습니다. 이 센서를 통해 차량의 정상 작동 여부, 차량의 위치, 과열이나 엔진 오일의 유압 저하 정보, 연료 상황 등을 파악할 수 있습니다. 이런 데이터는 통신 위성 회선이나 이동 통신망을 통해 코마츠 서버에 저장됩니다. 이 데이터를 통해 장비의 고장 원인을 쉽게 추정하여 수리 비용과 시간을 줄이고, 도난을 방지하며 유지 관리를 체계적으로 할 수 있습니다.

지멘스 철도 차량부는 전 세계 50곳이 넘는 지역에서 철도 및 운송 프로그램의 유지 보수를 담당하고 있습니다. 지멘스 기차에는 엔진과 변속기에 감지기가 달려 있고, 통근 열차의 선로 양쪽에 진동 감지기를 달아 차축 베어링에서 나는 모든 소리를 측정합니다. 이런 정보를 통해 고장을 예측할 수 있어서 사흘이면 정비하고 부품을 교체할 수 있다고 하네요. 또 재고 부품의 양을 조정하고 교체 데이터를 통해 부품 기능을 개선해 나갈 수 있습니다.

기업만이 아니라, 우리가 지내는 집 안의 모습도 많이 달라질 것입니다. 우리가 사용하는 전등, 의자, 커피포트, 냉장고, 자동차와 같은 물건들이 서로 대화를 나눌 것입니다. 거실의 등은 밝기에 따라서 자

동 조절되며, 의자는 사람에 따라서 높이를 최적으로 조절해 줄 것입니다. 커피 타임이 되면 자동으로 커피가 끓여지겠지요. 스마트 스피커에 "이제 잘 거야"라고 말하면 전등이 자동으로 꺼지고, 집안 온도가 조절되고, 보안 장치가 작동될 것입니다.

이러한 사물 인터넷 시대를 지나면 '사물 지능' 시대로 나아갈 것입니다. 통신 장비 기업인 시스코는 '만물 인터넷(IOE:Internet of Everything)'을 얘기하며 '사람, 프로세스, 데이터, 사물 등 연결된 적이 없는 세상의 나머지 99%까지 모두 인터넷에 연결돼 실시간 상호 소통함으로써 가치를 생성하는 환경이 올 것'이라고 얘기했습니다.

어떤 환경일까요? 아마도 쓰레기가 차면 쓰레기통이 무인 수거 차를 부르고 자판기에서 음료가 떨어지면 음료 공급을 스스로 요청할 것입니다. 쓰레기통은 방범 활동을 하며 거리에 응급 환자가 발생하면 경찰차나 구급차를 부를 수 있겠지요.

미래는 이렇게 사람과 사람, 사람과 사물이 연결되는 초연결의 시대가 될 것입니다. 그 연결을 이루는 것이 바로 빅데이터입니다. 마치 우리 몸에 혈액이 흘러 각 장기에 산소를 공급하는 것처럼 빅데이터는 모든 것을 이어 줄 것입니다.

빅데이터는 어떤 세상을 만들 수 있을까?

―

〈레디 플레이어 원〉〈아이언맨〉
〈로보캅〉〈트랜샌던스〉

어떤 사람들은 소설 『전쟁과 평화』를 읽고 나서

단순한 모험 이야기라고 생각하고

어떤 사람들은 껌 종이에 쓰인 성분을 읽고서 우주의 비밀을 풀기도 한다.

_영화 〈레디 플레이어 원〉 중에서

새로운 기술은 우리 삶의 모습을 변화시킵니다. 도로에는 마차로 가던 것이 자동차로 달리고, 이제는 비행기로 하늘을 날아다닙니다. 빅데이터는 우리의 삶에 이전과는 다른 변화를 가져올 것입니다. 그 방향을 미리 볼 수 있는 영화를 네 편 소개해 보겠습니다.

영화 〈레디 플레이어 원〉은 우리 삶의 일부로 이미 자리한 가상 세계를 보여 줍니다. 영화는 미래에 이 가상 현실 세계가 사람들의 삶을 지배하는 모습을 사실적으로 재현하고 있습니다. 영화 〈아이언맨〉은 현실을 가상으로 시뮬레이션하는 기술이 우리에게 어떤 도움을 줄지를 보여 줍니다. 또한, 신체 기능을 강화해 주는 기술에 대해서도 그려 냅니다. 아이언맨 슈트처럼요. 영화 〈로보캅〉은 신체 강화를 넘어 아예 신체 일부분이 로봇으로 대체되는 기술을 구현합니다. 영화 〈트랜샌던스〉에서는 인간의 수준을 뛰어넘는 강력한 인공지능이 나오지요.

자, 그럼 이 기술들로 각각 어떤 미래를 맞이하게 되는지 영화를 하나씩 살펴봅시다.

빅데이터가 만들어 내는 미래 - 가상 현실

우리의 감각은 불완전합니다. 기차를 타고 있을 때 내가 타고 있는 기차가 출발했다고 생각했는데, 사실은 맞은편에 있던 기차가 출발했고 내가 타고 있던 기차는 아직 멈춰 있는 것을 경험해 본 적이 있을 것입니다.

우리가 꿈을 꿀 때도 현실 세계인 것처럼 느끼는 경우가 대부분입니다. 퀸(Queen)의 노래 '보헤미안 랩소디'는 이렇게 시작합니다.

> Is this the real life? Is this just fantasy?
>
> (이런 게 진짜 내 삶일까? 이것이 단지 환상인 걸까?)

이처럼 우리는 실제 세계와 가상 세계를 구별하지 못하는 상황이 많습니다.

미래학자 리차드 왓슨은 책『인공지능 시대가 두려운 사람들에게』를 통해 디지털 세상과 현실을 구별하는 능력을 상실하게 되면 끔찍한 불행을 낳을 수 있다고 경고했습니다.

그 예로 한국의 한 부부를 소개했는데요. 그들은 온라인에서 만나 사귀다가 결혼한 사이입니다. 그런데, 이 부부가 게임에 몰두하느라 진짜 딸은 집에 방치한 상태로 혼자 내버려 두어 결국 딸은 굶어 죽게 되었다고 합니다. 더욱 황당한 것은 그들이 몰두했던 게임이 사이버상에서 딸을 키우는 내용이었다는 것입니다. 사이버상의 딸에게는 하루 12시간씩 돌보며 잘 먹이고 보살펴 준 것에 반해, 정작 하루 10번 이상 젖을 먹여야 하는 현실의 아기에게는 두세 번 정도만 먹였다고 하네요.

리차드 왓슨은 이 사례가 인간의 뇌가 현실과 가상의 세계를 제대로 구별할 능력이 없다는 사실을 보여 주는 예라고 설명합니다. 이 사례를 가볍게 넘길 수 없는 것은 미래 사회가 앞으로 점점 가상 현실(virtual reality)과 결합되어 갈 것이기 때문입니다.

영화 〈레디 플레이어 원〉은 2045년을 배경으로 가상 현실 세계에서 벌어지는 일을 그린 작품입니다. 쓰레기 더미 속 빈민가의 한 트레일러에 사는 웨이드는 삶에 아무런 희망도 보이지 않습니다. 부모님은 일찍 돌아가시고 이모와 함께 살고 있죠. 웨이드는 삶에서 유일한 희망이나 즐거움은 가상 세계인 오아시스에 접속하는 것뿐이었습니다. 사실 웨이드뿐만 아니라 주변 사람들 대부분이 가상 세계에 빠져 지내고 있습니다. 현실에서는 더 이상 희망도 즐거움도 만들기 어렵기 때문이지요.

가상 현실 게임인 '오아시스'를 만든 할리데이는 오아시스 세계 안에 '이스터에그'라는 아이템을 숨겼는데, 그걸 찾는 사람에게 자기 지분을 포함해서 오아시스의 모든 것을 물려주겠다는 유언을 했습니다. 게임처럼 미션을 수행하고 세 개의 열쇠를 얻으면 이스터에그를 찾을 수 있습니다. 사람들은 너 나 할 것 없이 이 아이템을 찾으려고 혈안이 됩니다. 아이템을 찾으면 가상은 물론 현실에서의 가난한 삶도 구원할 여지가 생기니까요. 웨이드 역시 마찬가지입니다. 실제로 몸이 있는 곳은 빈민촌 트레일러 안이지만 웨이드는 이 이스터에그를 찾기

| 영화 〈레디 플레이어 원〉의 한 장면

위해 드넓은 가상 세계에서 모험을 합니다.

가상 현실 세계는 모든 것이 데이터만으로 이루어진 세계입니다. 어떤 특정한 환경이나 상황을 컴퓨터로 재현해 냅니다. 그럼으로써, 그것을 사용하는 사람이 마치 실제 주변 상황이나 환경과 상호작용을 하는 것처럼 만들어 주는 '인간-컴퓨터 사이의 인터페이스'를 말합니다.

가상 현실 시스템이 현장감을 부여하기 위해서는 출력 장치(output devices)와 입력 장치(input devices)가 필요합니다. 출력 장치란 가상 현실 시스템의 사용자들이 감각 채널들을 통해 시각, 청각, 촉각, 움직임 등을 느끼게 해주는 장치들이죠. 입력 장치는 컴퓨터가 공간에서 사용자의 위치와 신체 움직임을 감지하게 해주는 장치로서 각각의

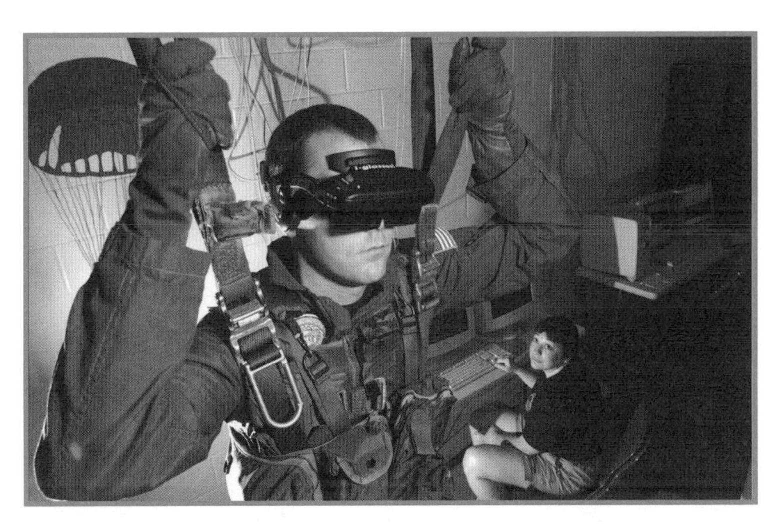

| 미국 해군에서 쓰는 VR 낙하산 훈련기

신체 움직임에 대응하는 데이터 글로브, 위치 추적기와 같은 입력 장치, 음성 인식 장치 등이 있습니다.

영화 〈레디 플레이어 원〉에서도 이러한 장치들을 살펴볼 수 있습니다. 주인공 웨이드는 슈트를 입고, 글로브와 고글을 끼고 가상 현실 세계인 오아시스에 접속합니다. 오아시스에서 격투를 벌이다가 상대에게 맞으면 트레일러 안에 있는 실제 웨이드의 몸도 타격감을 입습니다. 웨이드가 입은 슈트가 가상 세계에서 맞은 타격감을 생생하게 실제 몸에 전달하기 때문입니다. 이런 장치들은 사용자의 움직임을 가상 세계에 그대로 반영시킵니다. 상대방의 움직임도 그대로 사용자가 느낄 수 있도록 해줍니다. 이 모든 것이 빅데이터가 만들어 내는 마법이죠.

실제로 〈레디 플레이어 원〉과 같은 가상 세계인 '디센트럴랜드(Decentraland)'가 만들어 졌다고 합니다. 이 세계에서 가상의 토지를 사고팔 수 있을 뿐만 아니라 건물도 지을 수 있다고 하네요. 디센트럴랜드에서 1랜드는 10㎡(약 3평)로, 랜드가 9만 개 존재합니다. 사용자가 접속하자마자 가장 먼저 접촉하게 되는 정중앙 랜드의 경우, 1랜드는 한화 1억~2억 원에 가격이 설정돼 있고, 정중앙 랜드에서 멀리 떨어진 부동산은 1랜드를 약 70만 원에 구매할 수 있다고 합니다. 랜드를 구매하면 그 땅에서 그림 전시회를 할 수도 있고, 사람들과 파티를 하는 장소로 이용할 수 있고, 자신이 만든 영화를 상영하거나 강의실, 상점 등 다양하게 활용할 수 있습니다. 인기가 많으면 표를 팔아 입장시킬 수 있고, 사람이 많이 모일수록 토지의 가격이 오르고 다른 사람한테 판매할 수도 있지요.

이 디센트럴랜드는 단 35초 만에 만 명의 투자자로부터 270억 원이라는 어마어마한 투자 비용을 모았다고 합니다. 실제로 존재하지 않은 가상의 땅을 사들이기 위해 이렇게 많은 사람이 모여 270억 원이라는 큰돈을 냈다는 것이 새삼 신기합니다.

이렇게 현실 세계보다 가상 세계에 더 열광하는 사람들에 관하여 얘기한 철학자가 있습니다. 프랑스 철학자 장 보르리야르(Jean Baudrillard)는 현대 사회를 소비 사회로 지칭하면서, 현대인은 생산된 물건의 기능을 따지지 않고 상품을 통하여 얻을 수 있는 위세와 권위를 소비한다고 주장하였습니다. 또 모사된 이미지가 현실을 대체하는 '시뮬라시옹' 이론을 제기하였죠.

가상의 실재가 현실의 실재를 지배하고 대체하여 재현과 실재의 관계가 역전됨으로써 실재보다 더 실재 같은 하이퍼리얼리티(극실재)를 생산해낸다고 얘기합니다. 가상 세계를 그린 또 다른 영화 〈매트릭스〉는 이 시뮬라크르 개념을 모티브로 잡아 제작되었습니다. 영화 초반에 네오의 방에 장 보드리야르의 책 『시뮬라크르와 시뮬라시옹』이 놓여 있는 장면이 나옵니다. 시뮬라크르(simulacre)는 프랑스어로 '시늉, 흉내'라는 의미이죠.

이렇듯 우리는 실제보다는 만들어진 이미지를 믿고 소비하며, 살고 있습니다. 백화점에 진열된 명품 가방에 사람들이 열광하는 이유는 실제 사용 가치보다는 가방에 찍힌 로고가 만드는 이미지에 있습니다. 현대를 살아가는 사람들은 현실 세계보다 페이스북이나 인스타그램에 만들어진 가상 세계를 가꾸는 일에 많은 시간을 투자하고 공감합니다. 미래의 서비스가 점점 더 가상으로 이동하게 될 것은 분명해 보입니다.

빅데이터가 만들어 내는 미래 – 디지털 트윈, 휴먼플러스

영화 〈아이언맨〉에서는 누구나 탐낼 만한 만능 슈트가 등장합니다. 총알을 맞아도 끄떡없고 하늘을 날고 광선을 쏠 수도 있죠. 이런 슈트만 입으면 헐크나 토르 같은 초능력자들과 대등한 능력을 선보일 수 있답니다.

이 만능 슈트를 만든 토니 스타크는 소위 말하는 엄친아입니다. 열다섯 살에 MIT 공대에 입학할 정도로 천재적인 두뇌를 가진데다가 백만장자의 아들이죠. 군수품을 납품하기 위해 아프가니스탄을 여행하던 중에 그는 테러리스트에게 사로잡힙니다. 토니는 무기를 만들어 달라는 그들의 요구에 응하는 척하면서 슈트를 만들어 그곳을 탈출합니다. 자신이 만든 무기가 테러리스트에게 넘어가서 사용되는 것을 목격한 토니 스타크는 아이언맨 슈트를 만들어 범죄자들과 싸우기로 맘먹습니다.

〈아이언맨〉 1편에서 토니 스타크가 자신의 집으로 돌아와 슈트를 만드는 장면이 나옵니다. 홀로그램처럼 허공에 가상의 설계도가 만들어지고 그것을 실제 자신의 팔이나 다리에 끼워 치수를 점검해 보고 작동하며 테스트하는 장면을 볼 수 있죠. 토니는 이런 테스트를 통해 다양하게 시연해 보면서 슈트를 제작합니다.

이처럼 현실 세계에 존재하는 사물, 시스템, 환경 등을 가상 공간에 동일하게 구현하고 시뮬레이션해 보는 것을 '디지털 트윈'이라고 합니다. 디지털 트윈(digital twin)은 미국 제너럴 일렉트릭(GE)이 주창한 개념으로, 컴퓨터에 현실 속 사물의 쌍둥이를 만들고, 현실에서 발생할 수 있는 상황을 컴퓨터로 시뮬레이션함으로써 결과를 예측하는 기술입니다.

가상 공간에서 형상이나 움직임까지 실제와 동일하게 구현하기 위해서는 다양한 빅데이터가 필요합니다. 이런 빅데이터를 통해 가상 공간에 자동차 부품을 조립하고 그것이 실제 주행하는 것처럼 작동시킬 수 있습니다. 이러한 기술은 항공 우주, 국방 산업, 제조업, 물류, 교통, 도시 행정 분야에서 다양하게 활용될 수 있답니다. 시뮬레이션을 통해 부품의 교체 주기와 관리 방안, 오류, 생산성 증가 방법 등을 미리 파악할 수 있게 됩니다.

도시 국가, 싱가포르는 2018년 국토 가상화 프로젝트 '버추얼 싱가포르'를 발표했습니다. 버추얼 싱가포르는 이른바 디지털 속 싱가포르입니다. 싱가포르 전역에 존재하는 모든 건물과 도로, 구조물, 인구, 날씨 등 실제 도시를 구성하는 각종 유무형의 데이터를 실제와 거의 유사한 조건으로 3D 디지털 환경으로 구현했지요. 이 작업은 주로 공공기관과 사물 인터넷 기기에서 수집한 데이터를 바탕으로 합니다. 버추얼 싱가포르는 건물의 이름과 크기, 특징, 주차 공간과 도로, 가

| 버추얼 싱가포르

로수 같은 거의 모든 데이터를 언제든 실시간으로 파악할 수 있도록 설계되었다고 합니다.

이 시스템을 어떻게 활용해 볼 수 있을까요? 기업이나 정부가 건물이나 공원 건설 등의 프로젝트를 계획하는 경우에 이 시스템을 써볼 수 있습니다. 버추얼 싱가포르 내에서 경관이 어울리는지 여부, 교통 변화, 일조권 침해 여부 등을 미리 빠르고 정교하게 파악할 수 있는 것이지요. 이러한 버추얼 싱가포르 플랫폼을 개발하는 데 들어간 비용은

6000만 달러(약 670억) 정도라고 하네요.

실제로 싱가포르의 도시 계획 담당자들은 이 시스템을 활용해 도시를 설계한 적이 있습니다. 싱가포르의 '펀골타운'을 설계할 때 지역의 건물을 3D로 만들어서 도시의 완성 모습이 어떤지 확인해 볼 수 있었지요. 그러고 나서 바람이 불 경우 어떻게 공기가 흐르는지를 검사해서 지역 전체가 통풍이 잘되도록 도시를 만들었습니다.

또한 버추얼 싱가포르에서 하루 동안 건물의 그림자가 어떻게 변화하는지를 분석해 주거 시설의 일조권을 보장할 수 있도록 만들었습니다. 그뿐만이 아닙니다. 태양광 패널을 어디에 어떻게 얼마나 설치할지 조사해 볼 수 있고, 이에 따른 에너지 생산량까지 산출해 낼 수 있다고 합니다.

국가 비상 사태를 대비한 시뮬레이션도 가능하다고 합니다. 예를 들어 대규모 공동 시설에서 유독 가스가 유출되었을 경우를 대비할 수 있습니다. 버추얼 싱가포르의 3D 시뮬레이션을 통해 가스가 유출되는 방향과 범위를 미리 정확하게 파악하여 주민들이 안전하게 대피하도록 제안할 수 있습니다. 또 가상의 도시를 1인칭 시점으로 직접 걸어 볼 수도 있다고 하니 관광용으로도 훌륭한 상품이 될 것입니다.

이와 같은 디지털 트윈뿐만 아니라 실제 아이언맨 슈트와 같이 사람의 신체를 강화해 주는 슈트도 현재 산업 현장에서 도입되고 있습니다. 장시간 동안 허리를 굽히거나 쭈그린 채 작업하는 사람이나 무거운 짐을 옮기는 일을 하는 사람들은 입는 로봇, 즉 웨어러블 로봇을 착용하고 일할 수 있습니다. 이 웨어러블 로봇을 착용하면 사람들은

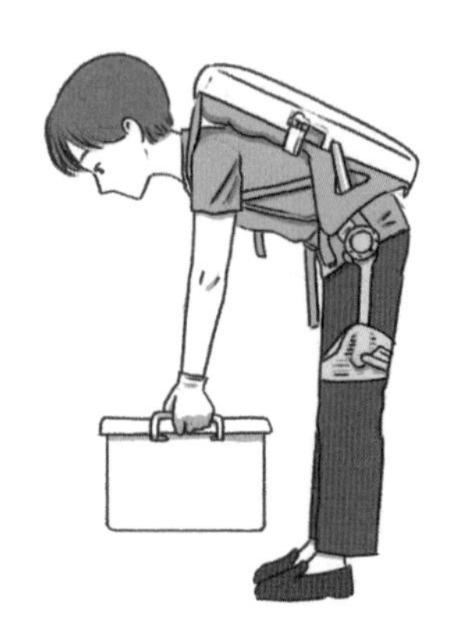

자신이 들 수 있는 무게보다 60kg을 더 들 수 있다고 합니다.

이렇게 인간의 신체를 강화하는 기술을 '휴먼플러스'라고 합니다. 휴먼플러스(Human+)란 4차 산업혁명의 기반이 되는 바이오, 인공지능, 로봇과 같은 첨단 기술을 융·복합하여 궁극적으로 인간의 인지적(지능+), 육체적(신체+), 사회적(오감+) 능력을 강화하는 개념입니다.

빅데이터가 만들어 내는 미래 - 트랜스 휴먼

영화 〈아이언맨〉에서 주인공 토니 스타크는 슈트를 입음으로써 신체 능력과 전투 능력이 엄청나게 강해집니다. 임무를 마친 토니 스타크는 슈트를 벗고 원래 인간의 모습으로 돌아와 일상을 살아갑니다.

이때의 토니는 로봇 슈트를 입었을 때의 힘과 능력이 당연히 사라집니다. 그렇다면 아예 인간과 기계가 결합하는 방법은 없을까요? 바로 영화 〈로보캅〉에서 사람과 기계가 결합한 형태를 확인해 볼 수 있습니다.

미래학자인 레이 커즈와일은 『특이점이 온다』라는 책에서 2030년대가 되면 컴퓨터의 지능이 인간을 능가하고, 2040년대 인간의 뇌에 지식을 이식하는 기술이 가능할 것이라고 주장합니다. 2020년인 지금, 그의 주장이 현실이 될지는 앞으로 지켜봐야 할 부분이지만, 인류가 과학의 힘으로 육체의 한계를 뛰어넘으려는 시도만큼은 꾸준할 것 같습니다.

현재도 사람들은 인공 심장, 인공 관절 및 각종 보철물 등을 몸속에 삽입하여 생명을 연장하고 있습니다. 인간의 혀보다 만 배는 민감한 바이오 전자 혀, 전자 코를 개발해내고, 3D프린터로 인공 귀까지도 만들어 내고 있지요.

이렇게 인간의 몸에 들어간 다양한 인공 장기들은 센서가 부착되어 빅데이터를 만들어 내고 네트워크화될 수 있을 것입니다. 미래에는 정보통신 기술, 인공지능, 바이오 기술이 발전하면서 궁극적으로 기계와 인간이 융합되어 그 경계가 점점 사라질 것으로 예상하고 있습니다.

영화 〈로보캅〉에는 이렇게 인간의 몸을 개조해 시스템에 네트워크화되고, 인간보다 더 뛰어난 능력을 발휘하는 인물이 등장합니다. 이 영화의 주인공 머피 형사는 범죄자들에 의해 엄청난 총상을 입게 됩니다. 죽은 머피 형사에게 과학자들은 신체 주요 부분을 제외하고는 로봇 슈트를 장착하고 뇌에도 프로그램 칩을 삽입합니다. 이를 통해 로보캅 두뇌에서 CCTV의 모든 기록을 분석할 수 있습니다. 이런 분석을 바탕으로 언제 어느 곳에서 범죄가 일어날지 예측하고 그 범죄 현장으로 미리 달려갈 수 있습니다.

이 빅데이터를 통해 로보캅은 인간 머피로 살았던 시절에 자신을 공격한 범인이 누구인지 알아내고 추적합니다. 이 과정에서 아직 인간의 정체성을 가진 로보캅은 자신이 로봇인지 아니면 인간 머피인지 혼란스러워하죠. 로보캅은 이런 혼란을 극복하고 범죄 조직을 소탕해 냅니다.

로보캅은 인간 머피의 기억과 인공지능을 결합한 존재입니다. 이렇게 인간의 뇌신경(뉴로)과 컴퓨터 칩을 연결하는 것이 가능한 것일까요. 이러한 인간의 두뇌와 인공지능의 인터페이스에 관한 연구는 현재 진행되고 있습니다. 만약 이런 장치가 개발된다면 우리는 영어를 공부하지 않아도 외국인과 대화를 할 수 있게 됩니다. 실제 2007년 이탈리아의 한 업체는 메모리 트레이딩(memory trading)을 얘기하면서 두뇌 속에 담겨 있는 기억이나 지식을 다운로드해서 시장에 팔고 사는 시대가 올 것이라고 전망했습니다. 또 테슬라의 CEO 일론 머스크는 '뉴럴링크(Neuralink)'라는 스타트업까지 설립하여 컴퓨터와 인간의 뇌를 결합하겠다고 선언하기도 했습니다.

뇌에 물리적으로 칩을 심지 않고도 전기 자극을 통해 정보를 전달하는 기술은 이미 상용화되어 있습니다. 시각 장애인이 혀로 앞을 보는 BrainPort V100이라는 장비가 개발되어 FDA 승인까지 받았지요. 이 장치는 비디오카메라가 캡처한 이미지를 전기 신호로 변경해 구강 내 장치로 보내면 400개의 자극점이 있는 센서가 혀에 진동이나 전기적 자극을 주게 됩니다. 이런 자극 패턴을 읽어 물체의 위치나 크기, 모양을 인식합니다. 임상 실험을 거친 후, 1년 동안 훈련받은 맹인의 69%가 물체 인식에 성공하였다고 합니다. 예를 들어 도로의 하얀 선을 따라 걷거나 공 같은 물체를 구별할 수 있었습니다.

또 뇌의 신경 신호를 읽는 기기로 헤드셋 형태의 장비도 있습니다. 헤드셋을 쓴 후 뇌파를 읽어 들여서 컴퓨터에 학습시키면 뇌파만으로 사물을 조종할 수도 있습니다. 일본의 자동차 제조회사 닛산에서는 뇌를 통해서 자동차를 움직이는 연구를 진행하고 있다고 합니다.

이렇게 인간이지만 기계를 이용하여 몸을 개조해서 뛰어난 능력을 갖춘 존재를 '트랜스 휴먼(Transhuman)'이라고 합니다. 이러한 기술을 통해 컴퓨터 칩, 인공 장기, 강력한 힘을 가진 팔과 다리를 보유할 수 있게 됩니다. 인간과 기계의 결합이 가능해지는 미래에는 이런 질문이 새롭게 떠오를 수 있겠군요.

'이렇게 탄생한 로보캅은 인간일까요, 로봇일까요.'

현재 연산 능력을 보유한 컴퓨터 칩은 입력 장치, 저장 장치, 출력 장치로 구분돼 있습니다. 인간의 뇌는 이처럼 단순한 구조가 아니지요. 두뇌 안은 서로 연결되어 상호작용을 통하여 정보를 처리한다고 합니다. 지금도 수많은 과학자가 인간 뇌의 비밀을 풀기 위해 힘쓰고 있습니다. 인간의 뇌에 담긴 비밀을 푼다면 인간이 만드는 두뇌인 인공지능 기술도 눈에 띄는 도약을 이루게 될 것입니다.

미국의 컴퓨터 이론가인 레이 커즈와일은 앞서 말한 『특이점이 온다』 책에서 2030년 전후에 지능 면에서 기계와 인간 사이의 구별이 사라질 것으로 전망했습니다. 인간의 두뇌에 대한 분석이 2030년이면 끝날 것이라 예상하고, 인간 두뇌에 대한 메커니즘을 알면 인공지능으로 구현하는 것이 가능하다고 본 것입니다. 그런데 과연 실제로 그렇게 될까요?

영화 〈트랜샌던스〉는 지식이나 지능 그 자체에 대한 인간의 욕망을 다룬 영화입니다. 과학자인 윌은 인간을 넘어서는 지적 능력과 자각 능력까지 갖춘 인공지능 '트랜센던스'를 개발하고 있었습니다. 그런데 기술의 발전을 반대하는 반 과학단체에 의해 윌은 총에 맞습니다. 그 총알에 방사능 물질이 묻어 있어서 윌은 서서히 죽음을 맞이합니다. 윌의 아내 에블린은 윌의 뇌를 스캐닝해서 인공지능 컴퓨터에 업로드합니다. 트랜센던스는 이제 인간의 뇌를 업로드한 슈퍼컴퓨터가 된 것입니다.

이렇게 만들어진 트랜샌던스는 주식으로 거대한 자본을 끌어들여 나노 기술을 통한 의학을 발전시킵니다. 그 결과, 자신을 복제하는 수준까지 이르게 되지요. 이렇게 신의 능력을 가지게 된 윌에게 사람들은 두려움을 느끼고 그를 제거하고 싶어 합니다. 자신을 공격하는 인간을 향해 윌은 이렇게 말하죠. "인간은 이해할 수 없는 것을 가장 두려워한다."라고요.

영화 속 트랜샌던스는 스스로 생각하고 자아를 지닌 기계, 이른바 '강한 인공지능'입니다. 인공지능(AI, artificial intelligence)이란 인간의 지능으로 할 수 있는 사고나 학습, 자기계발 등을 할 수 있는 컴퓨터를 말합니다. 영화 속에만 등장하며 막강한 힘을 발휘하던 인공지능이 이제 현실에도 나타나게 되었습니다. 인공지능이 네트워크를 통

해 방대한 데이터를 모으고, 그 데이터를 활용해 기계 학습(머신러닝)을 하면서, 스스로 학습하는 방식으로 진화하게 된 것입니다.

이러한 인공지능은 이미 우리 생활 곳곳에서 활동하고 있습니다. 바둑을 두는 인공지능 '알파고', 30초마다 한 건씩 기사를 내보내는 인공지능 기자 '퀼', 사용자의 상황에 맞는 노래를 추천해 주는 AI헤드폰 '빈치', 대화하며 사용자를 도와주는 '가상 비서', 환자의 병을 진단하는 인공지능 의사 '왓슨', 이외에도 인공지능은 법률 자료를 조사하거나 투자 자문을 통해 고객의 자산 관리를 해주고 있습니다.

이런 인공지능은 '인터넷'의 등장으로 비약적인 발전을 할 수 있었습니다. 전 세계 사람들이 인터넷을 이용한 덕분에 방대한 양의 데이터가 쌓이게 되었고, 이 데이터들을 바탕으로 인공지능과 관련된 여러 난관을 해결할 방법을 비로소 모색할 수 있게 된 것이죠. 인공지능 학습 방법은 뒤에 영화 〈엣지 오브 투모로우〉편에서 따로 다루어 보도록 하겠습니다.

인간이 아무리 빨리 달려도 자동차를 이길 수 없는 것처럼, 미래에는 특정 분야에서 인간의 능력을 훨씬 넘는 인공지능과 기계가 등장하게 될 것입니다. 빅데이터는 〈레디 플레이어 원〉처럼 새로운 가상 세계를 만들고 〈아이언맨〉, 〈로보캅〉처럼 인간의 능력을 강화해 주고 〈트랜샌던스〉처럼 인공지능의 활약이 곳곳에 나타나는 세상을 만들어 줄 것입니다.

빅데이터가 던지는 경고
: 빅브라더의 탄생

—

〈이글 아이〉

구매한 물품들과 취향에 대한 데이터를 통해 너의 성격을 파악하고

소셜 네트워크, 인터넷 기록, 문자, 이메일, 전화 통화를 추적하여

너의 지인, 친구, 동료들을 알 수 있지.

그리고 CCTV와 교통 카메라를 통해 너의 움직임을 분석하지.

이런 데이터를 통해 개인별 프로파일을 만들 수 있어.

우리는 너에 대해서 모든 걸 파악하고 있지.

_영화 〈이글 아이〉 중에서

자신의 의지와 상관없이, 세상 누군가 자신을 조정한다는 생각이 든다면 어떤 느낌일까요? 거부하고 싶지만 어쩔 수 없이 그대로 행동해야만 하는 상황이 올 때 우리는 공포를 느낄 수밖에 없습니다.

영화 〈이글 아이〉에서 제리는 누군가에 의해 자신의 모든 것이 조종당하는 상황에 처합니다. 어느 날 제리의 통장에 75만 달러가 입금되고 집으로 각종 무기가 배달되는 일이 생깁니다. 그러다가 갑자기 FBI가 들이닥치고 자신은 테러리스트로 몰리게 되죠.

여자 주인공인 레이첼도 누군가에게서 전화가 옵니다. 맞은편 맥도널드 건물의 모니터에 아들의 모습을 보여 주며 자신의 지시를 듣지 않으면 아들이 탄 기차를 탈선시키겠다고 협박합니다. 레이첼도 누군가의 지시에 따라 행동할 수밖에 없는 상황에 놓이게 된 것이죠.

제리와 레이첼은 FBI에 추적당하고 곧 잡힐 것 같지만, 누군가가 휴대폰, 거리의 CCTV, 교통 안내 LED 사인보드, 신호등을 조종하면서 그들의 탈출을 도와줍니다. 이들을 조정하고 탈출을 도운 것은 바로 인공지능 컴퓨터 '아리아'였습니다. 아리아는 자신이 제리와 레이첼에 대해 속속들이 잘 알고 있는 이유를 이렇게 말합니다.

"물품 구매, 취향과 같은 정보 수집을 통해 너의 캐릭터를 분석하고, 온라인 커뮤니티 · 블로그 · 문자 · 통화 · 전자 우편과 직장 동료 · 친구 · 이성 관계를 파악하고, CCTV · 교통 카메라 등을 분석하여 개인 파일을 만든다. 이렇게 수집된 정보를 분석해 용의자의 향후 움직임과 행동 방식, 범행 동기는 물론 성격까지 예측할 수 있다."

이렇게 인공지능 아리아는 모든 정보를 파악할 수 있을 뿐만 아니라 원격으로 무인 비행기, 자동문, 신호등, 기계를 마음대로 조정할 수 있습니다. 그런데 아리아는 왜 이렇게 주인공들을 예의 주시하고 조종하는 걸까요?

인공지능 아리아가 이런 행동을 하는 이유는 미국의 대통령이 아리아의 경고를 무시하고 테러의 주범이 있을 것으로 예상되는 장례식에 미사일을 쏘도록 명령했기 때문입니다. 하지만 아리아의 예측대로 그 장례식에는 테러범이 없었습니다. 이렇게 민간인에게 미사일을 발사한 사건을 두고 테러 단체의 보복이 가해지자, 인공지능 아리아는 미국을 위협에 빠뜨리는 정권을 교체하는 것이 나라의 안보를 위해서 필요한 일이라고 판단한 것입니다.

그 결과, 아리아는 미국 대통령을 포함한 주요 인사들을 제거할 계획을 세웠죠. 제리의 쌍둥이 형은 이를 막기 위해 생체 암호인 얼굴 인식과 목소리로 아리아에게 잠금 장치를 걸어 두었습니다. 이 잠금 장치를 풀기 전까지 행동에 제약을 받을 수밖에 없으므로 아리아는 암호를 풀기 위해 쌍둥이 동생이 필요했던 것입니다.

영화 〈이글 아이〉에서는 인간의 지능을 뛰어넘은 인공지능이 인간의 위험성을 파악하여 인간을 제거하려고 하는 이야기가 그려집니다. 인간의 도구로 쓰려고 만든 인공지능이 인간을 위험 요소의 하나로 인식해 버리는 상황이 아이러니합니다.

여기에 빅데이터의 위험성이 잘 드러납니다. 제리나 레이첼은 자신이 허락하지 않은 정보마저 아리아

| 영화 〈이글 아이〉 포스터

에게 읽히고 맙니다. 그것으로도 부족해 자신의 정보는 물론 가족의 정보까지 읽혀 협박을 당하지요.

우리가 디지털에 남긴 기록들은 쉽게 널리 전파되고 절대 사라지지 않는다는 특징이 있습니다. 이 기록들이 언제 어디로 복사되었는지, 그래서 누군가의 컴퓨터나 휴대폰에 들어 있게 되었는지는 기록을 남긴 당사자조차 알지 못할 가능성이 높습니다.

예전에 가입했던 사이트 정보, 오래전에 SNS에 올렸던 게시글, 사진, 대화 등은 자신은 기억하지 못하지만, 여전히 온라인 어딘가에 남아 있습니다. 그뿐만이 아닙니다. 스마트 기기에 장착된 카메라, 몰래카메라, 웹캠 등으로 인하여 원치 않게 촬영된 동영상이나 사진들이 만들어질 가능성도 있습니다. 실제로 이런 동영상이 유출되는 경우도

많습니다. 이런 정보 노출이나 오용으로 인한 위험은 늘 도사리고 있습니다.

이런 온라인 기록을 지우고 싶지만, 온라인에서 복제되어 있는 것을 다 찾아서 삭제하는 것은 너무나 어려운 일입니다. 이렇게 남는 온라인상의 기록들 때문에 '디지털 장의사'라는 직업이 생겨났습니다. 말 그대로 온라인 기록이나 유출 동영상을 전문적으로 삭제해 주는 직업입니다. 디지털 장의사는 악성 게시글과 댓글, SNS 계정 삭제 등 온라인상 모든 흔적을 찾아 삭제하는 전문가입니다. 이런 직업이 생겨날 정도로, 디지털 데이터를 악용해 개인의 사생활을 침해하거나 범죄를 저지르는 일들이 늘고 있는 것입니다.

빅데이터가 만드는 빅브라더의 위험성

영국의 소설가 조지 오웰의 소설『1984』에서 '빅브라더'라는 존재에 대해 이야기합니다.『1984』에 그려지고 있는 빅브라더는 텔레스크린을 통해 사회 곳곳을 감시하며 개인의 사생활을 마구 침해합니다. 이렇게 권력자들이 가지는 강력한 권력의 비밀은 바로 정보 독점에 있습니다. 이러한 정보 독점은 사회 보호적 감시라는 긍정적인 의미도 있지만, 권력자들이 쉽게 개인을 제압하고 사회를 통제하는 힘이 되기도 합니다.

2018년 중국은 안면 인식 인공지능을 사용해 무려 5만여 명의 관객

| 조지 오웰

이 있는 콘서트장에서 용의자를 검거하기도 했습니다. 또 이 기술을 써서 반 년 동안 무단 횡단을 한 사람을 1만여 명 검거했다고 합니다. 중국의 안면 인식 기술은 세계 최고 수준이며, 이를 적극적으로 활용하는 산업과 서비스가 만들어지고 있습니다.

이러한 중국의 기술은 2020년 코로나 전염을 예방하기 위해서 적극 활용되었습니다. 헬멧에 적외선 카메라를 장착해 주변 5미터 거리에 있는 사람의 체온을 체크하고 열이 있는 사람이 있으면 자동으로 경보가 울린다고 합니다. 100명 이상을 스캔하는 데 2분이면 충분해서 홍콩에서 중국으로 들어오는 운전자 검문에 활용되고 있습니다. 이 헬멧에 안면 인식 기술도 추가하여 해당 시민의 이름과 개인 정보를 바로 파악할 수 있다고 하네요.

중국의 인공지능 기업 '센스타임'은 마스크 쓴 사람의 얼굴도 99%의 정확도로 개인 신원을 확인할 수 있다고 합니다. 중국 정부는 이런 안면 인식 기술을 드론에 적용하여 거리를 감시하고 마스크를 쓰지 않은 사람들에게 마스크를 쓰라고 경고 방송을 자동으로 내보낸다고 합니다. 하지만 중국 전문가들은 이러한 코로나 사태가 중국의 감시 체계를 더욱 가속화시키고 있다고 우려합니다.

중국에는 CCTV가 역이나 버스터미널 교통 중심지, 쇼핑센터, 정부 시설에 약 2억 대 설치되어 있습니다. CCTV로 얻은 빅데이터를 기반으로 사람이 걷는 보폭이나 보행 특성, 신체 특징을 분석해 사람을 식별하는 소프트웨어 '수이디혜안'을 개발했습니다. 이 수이디혜안은 50미터 가량 떨어진 사람의 걸음걸이를 분석해서 0.2초 만에 94% 정확도로 그 사람의 신원을 파악해낼 수 있습니다. 이 시스템이 적용되면 아무리 얼굴을 가려도 신원 파악이 가능하다고 합니다.

인도는 안면 인식 기술을 가축에 적용하여 건강 관리나 전염병 색출에 활용하고 있습니다. 최근에는 면접에 안면 인식 기술이 도입되어 자신감이나 언어 표현력을 분석하여 첫인상에 대한 편견을 방지하는 기능으로 활용합니다.

안면 인식 인공지능 기술 분야에서 최고의 기술을 보유하는 중국에는 '사회 신용 제도'를 도입할 것이라는 얘기도 있습니다. 14억 인구 전원에게 의무적으로 도입하고 일상생활의 모든 행위를 데이터베이스에 올려 착한 행동을 하면 여러 가지 이득을 주고 나쁜 행동을 하면 불이익을 받는 개념입니다.

예를 들어 자원봉사, 헌혈, 기부, 국산품 애용을 하면 득점이 되고 반대로 무단 횡단, 수입 제품 구매, 요금 연체 같은 행동을 하면 감점이 된다고 하네요. 이 결과에 따라 고득점자에게는 다양한 혜택을 주고 점수가 낮은 사람들은 정부가 주는 다양한 혜택에서 제외되는 것입니다. 그러나 이런 제도가 도입되면 개인은 시스템이 원하는 삶을 살아야 불이익이 없을 겁니다. 새로운 빅브라더 사회가 만들어지는 것 같아 염려스럽기도 합니다.

시간이 갈수록 빅데이터로 남겨지는 우리 행동의 영역은 점점 확대

될 것입니다. 이 모든 빅데이터를 가지고 나의 성향이나 생각이 분석될 수 있는 가능성 역시 늘고 있습니다. 빅데이터가 빅브라더가 되어 인간을 통제하려고 시도할 위험성이 늘 함께 있는 것이지요.

인문학 베스트셀러 『사피엔스』의 저자인 유발 하라리는 개인의 몸과 머리, 삶을 해킹당할 수 있다고 얘기합니다. 이렇게 해킹한 쪽이 해킹당한 사람보다 그 사람에 대해서 더 잘 알게 될 것이고, 따라서 인간은 점점 누구와 결혼할지, 어떤 직업을 가질지 등 의사결정을 내릴 때 기계에 의존하는 삶을 살게 될지도 모른다고 경고합니다.

이제 자신의 데이터에 대한 권리를 가져야 한다

최근 들어 이렇게 노출된 개인 정보를 무조건 보호하기보다는 개인이 관리하는 방향으로 나아가고 있습니다. 미국의 '그린 버튼 서비스(Green Button Initiative)'는 자신의 에너지 사용 정보를 온라인에서 직접 확인할 수 있고, 내 정보를 다른 사업자에게 공유해서 새로운 부가 가치를 창출하게 해주는 서비스입니다. 기업은 이 데이터를 통해 소비자의 에너지 사용 패턴을 분석하여 에너지 절약 노하우를 제공하고 사용량 예측 및 서비스 개선에 활용합니다.

미국 기업 민트는 개인 맞춤형 금융 서비스로 개인 자산을 관리해 주고 있습니다. 개인의 은행 계좌, 증권 계좌, 대출 계좌, 자산 정보를 시각화하여 제공해 주고 이를 통해서 금융 상품을 추천해 주는 등 맞춤형 금융 서비스를 제공합니다.

또 미국에서는 2012년도부터 '블루 버튼(blue button)' 서비스를 시행해 누구나 자신의 의료 기록을 손쉽게 다운로드하고, 타 의료 기관과 공유할 수 있게 했습니다. 이것은 국가 연구를 위해 개인의 의료 데이터를 기부하는 서비스입니다. 병원은 이렇게 공유된 정보를 통해 이 환자가 다른 병원에서 기존에 어떤 검사와 치료를 받았는지 파악할 수 있어 응급 상황에 바로 적절한 치료를 할 수 있습니다. 또 이러한 데이터를 다양한 의학 연구에 활용합니다.

우리 정부도 마이데이터(My Data)라는 서비스를 개발하고 있습니다. 이 서비스는 기관 또는 기업이 보유한 개인 정보를 본인이 직접 온라인에서 내려받아 활용하거나 본인의 동의 하에 제삼자에게 제공하여 다양한 분야에서 개인 데이터가 활용될 수 있도록 합니다. 즉 자신의 정보 활용에 대한 결정권을 자신이 갖는 것이죠.

또 미국의 블루 버튼 서비스처럼, 우리나라도 건강 검진과 처방전, 라이프 로그 데이터를 활용해 검진 결과를 관리하고 영양 식단을 추천하는 서비스를 개발하고 있다고 합니다. 앞으로는 무조건 정보를 보호하는 방향보다는 자신이 직접 자신의 정보를 관리하고 정보를 제공해서 더 좋은 서비스를 받는 사회로 나아가는 추세입니다.

즉 개인이 자신의 데이터에 대한 접근과 통제 권한을 가지고, 직접 데이터를 수집 및 공유, 삭제, 활용하는 범위를 지정할 수 있습니다. 이 마이데이터 개념은 의료, 금융, 통신, 유통, 에너지 등 다양한 분야에 적용되며 개인 맞춤형 서비스로 진화될 것으로 예상합니다.

chapter 02

새로운 게임
체인저에 주목하라
빅데이터가
우리 삶의
문제를
어떻게
해결해 줄까?

영화의 성공과 실패에 관해 국내 영화 제작자들은 "흥행은 하늘도 모른다"라고 말하고, 미국의 할리우드에서는 "Nobody knows anything.(누구도 아무것도 모른다)"라고 말합니다. 그만큼 히트할 영화를 아는 것은 어렵다는 뜻이죠.

모든 영화의 처음은 종이에 쓰인 시나리오나 기획서 정도에서 시작됩니다. 이 종이만 보고 몇 십억에서 몇 백억 원을 투자할지를 판단해야 합니다. 미국의 경제학자 헤롤드 보겔은 『엔터테인먼트 산업의 경제학』에서 누가 사줄 것이라는 분명한 확신도 없이 수백만 달러를 투자해서 무에서 유를 창조해내는 사례는 영화 이외의 어떤 사업 분야에서도 찾을 수 없다고 말했습니다. 그래서 영화업계에 종사하는 사람들은 이 '흥행의 법칙'을 알아내기 위해서 고민할 수밖에 없습니다.

이런 영화 환경에서 빅데이터를 통해 성공한 업체가 있습니다. 바로 인터넷 영화 유통 전문 업체인 '넷플릭스'이죠. 넷플릭스는 빅데이터를 분석하여 사용자의 취향을 정확히 파악해서 보고 싶은 영상을 추천해 주는 알고리즘을 개발하여 활용합니다. 시청자에게 영상마다 평점을 매기게 하고 이를 기반으로 영상들 사이의 선호 패턴을 분석해 다음에 볼 영상을 추천해 줍니다. 또 데이터 분석을 통해 시청자가 원하는 연출 스타일이나 좋아할 만한 배우를 예측해 드라마 〈하우스 오브 카드〉를 기획 제작하여 큰 성공을 거두었지요. 즉 데이터 분석을 기반으로 흥행하는 콘텐츠를 알아내어 만드는 시대가 열린 것이죠.

빅데이터는 이처럼 누구도 쉽게 답을 낼 수 없는 문제를 해결하는 돌파구가 되어 줍니다. 또한 미지를 개척하는 일의 구심점이 되어 주기도 합니다. 빅데이터가 우리 삶의 문제를 어떻게 해결하고 돌파구를 만들어 가는지 한번 자세히 살펴볼까요?

범죄 예측 : 범죄 수사에서 빅데이터가 어떻게 활약할까?

—

〈살인의 추억〉 〈마이너리티 리포트〉

너는 자신의 미래를 알고 있지.

그것은 원한다면 너의 미래를 바꿀 수 있다는 것을 의미하기도 해.

너는 아직 선택권을 가지고 있어.

_영화 〈마이너리티 리포트〉 중에서

현실에서 우리가 문제를 해결해야 하는 상황은 무엇이 있을까요? '미해결'이라는 말과 함께 장기 범죄 수사가 떠오르지 않나요? 실제로 빅데이터와 결합한 미래 직업에 수사 직종도 들어간답니다.

〈살인의 추억〉은 우리나라 대표 장기 미제 사건이었던 화성 연쇄 살인 사건을 다룬 영화입니다. 이 사건은 1986년부터 1991년 사이에 일어난 연쇄 살인 사건이죠. 이 사건의 해결을 위해 투입한 경찰만 해도 205만 명이었고, 2만 1280명을 조사하고 4만 116명의 지문을 대조했다고 합니다. 수사 서류만 15만 장에 달하고 용의자에게는 당시 최고액인 5천만 원의 현상금도 걸었다고 하네요. 이렇듯 경찰들이 온 힘을 다해 이 사건을 해결하려고 노력했지만 10차 사건이 발생하도록 범인을 잡지 못했습니다.

이 사건은 영화 〈살인의 추억〉의 제작에 영감을 줄 정도로 우리나라에서 가장 미스터리한 사건으로 불리었습니다. 그리고 30년이 지난 2019년에 DNA 분석을 통해 이 사건의 범인이 밝혀졌습니다. 우리나라의 대표 장기 미제 사건을 데이터 기술의 발달로 종지부를 찍을 수 있었던 것입니다. 충격적이게도 범인은 이미 25년간 부산 교도소에서 복역하고 있었습니다.

영화 〈살인의 추억〉 초반에 담당 형사 박두만이 사진을 보면서 밥을 먹는 장면이 나옵니다. 박두만은 사람 얼굴만 봐도 누가 범인인지 안다면서 자신이 '무당 눈깔'이라고 얘기하죠. 구 반장은 앞에 앉아 있는 두 사람을 가리키며 누가 범인이고 누가 친오빠인지 맞춰 보라고 하지만 당연하게도 박두만은 맞추지 못합니다. 이처럼 형사 박두만은 과학 수사보다는 자신의 감을 믿고 수사를 하는 타입입니다. 사건이 풀리지 않자 무당을 찾아가 점을 보기도 하죠.

반면에 형사 서태훈은 증거를 찾고 그것을 토대로 수사를 진행합니다. 이 두 형사가 함께 범인을 추적하고, 범인을 잡기 위해 고군분투하지만 늘 허탕을 치고 맙니다. 그들은 왜 범인을 잡는 데 실패했던 것일까요?

영화에서는 범인의 족적을 표시해 두지만, 그것을 잘 관리하지 못해 경운기가 그 위로 지나가는 장면이 나옵니다. 증거를 얼마나 등한시하고 데이터 관리를 부실하게 했는지가 드러나는 대목입니다.

당연하게도 사건 현장에는 범인을 잡을 단서들이 남아 있습니다. 이런 단서들을 통해서 사건이 일어난 시간, 사건의 동기, 범행 도구가 무엇인지, 어떻게 썼는지, 어떠한 과정으로 사건이 일어났는지를 추론합니다. 하지만 1980년대만 해도 이렇게 현장에 남아 있는 증거들을 보존하는 방법이나 분석하는 기술의 수준이 매우 낮았습니다. 증거나 데이터가 중요하다는 인식조차 부족한 실정이었지요. 이렇다 보니 대부분의 경우, 박두만처럼 형사의 경험과 직관으로 사건을 처리하는 일이 많았습니다.

훗날 범인으로 밝혀진 이춘재는 당시 3번 용의자로 지목되어 조사를 받았다고 합니다. 공개된 20대 초반 그의 사진을 보면 몽타주와 흡사하고, 사는 곳도 사건이 일어난 장소 가운데에 위치해 있었지만 번번이 용의자에서 제외되었죠.

그 이유를 되짚어 보니 이춘재는 평소 주변 사람에게 조용한 사람으로 인식되어 있었습니다. 인상은 너무 순해 보이고, 늘 말수 없고 인사성 밝고 착한 사람이라고 평가했다고 합니다. 교도소의 교도관들도 이춘재의 범행 이야기를 듣고 놀랐다고 하죠. 그가 말썽 한 번 피운 적이 없는 모범수였기 때문이랍니다.

또 이춘재를 수사 대상에서 제외한 이유는 바로 혈액형이었습니다. 당시 형사들은 사건 현장에 떨어져 있는 혈흔, 모발 등을 통해 범인의 혈액형을 B형으로 판단했습니다. 그리고 사건 현장에 있던 족적의 크기로 발 사이즈를 255로 추정했으나 이춘재의 발 크기는 이와 달랐다고 합니다. 이러한 이유로 이춘재를 수사 대상에는 올랐지만 곧 제외되어 버린 것입니다. 이런 불명확한 정보와 편견들이 장기 미제 사건을 만드는 데 결정적인 역할을 한 것입니다. 범인이 B형일 가능성이 크다는 고정된 시선이 생겨서 O형인 이춘재를 범인으로 지목하기가 어려워진 것이죠.

데이터를 가진다는 것은 문제 해결의 열쇠를 확보한다는 것을 의미합니다. 이춘재의 사건은 왜 범인을 잡지 못했느냐보다 어떻게 30여 년이 지나서 문제를 해결할 수 있었느냐의 관점으로 다시 살펴볼 필요가 있습니다. 그것은 꼭 범인을 잡겠다는 의지로 당시의 증거를 오랫동안 관리하고 있었기 때문에 가능했던 것입니다.

질문에 대한 해답을 찾기 위해 데이터를 찾는다

범죄 수사에 빅데이터가 중요한 이유는 범죄를 해결하는 측면에서도 유용하지만, 빅데이터를 이용해 미리 범죄를 예방하는 효과를 얻을 수 있기 때문입니다.

영화 〈마이너리티 리포트〉는 2054년을 배경으로 미래에 일어날 살인 사건을 예측하여 그 사건이 일어나는 것을 사전에 방지할 수 있는 시스템을 그려 냅니다. 이 시스템의 이름은 '프리크라임 시스템'인데, 말 그대로 미리 범죄를 앞지른다는 뜻이지요. 이런 시스템 덕분에 사건이 일어나기 전에 범인을 검거하여 그 사건의 피해자는 생명을 구할 수 있게 됩니다.

무척 유용한 시스템 같지만 예측하는 방식에 문제가 있었습니다. 영화 속 프리크라임 시스템은 예언자의 예언을 범죄 예측의 근거로 삼습니다. 과학을 바탕으로 한 데이터 분석과는 거리가 멀지요. 프리크라임 시스템은 데이터를 분석해서 예측하는 것이 아니라, 초능력자의 예언을 토대로 범죄를 예측합니다. 미래를 예지할 수 있는 세 명의 초능력자는 프리크라임 시스템을 통해 범죄가 일어날 장소, 시간, 범인까지 예측해 냅니다.

몇 년 전 아들을 잃은 존 앤더튼 팀장은 예지된 살인 사건을 막기 위해 누구보다 열성적으로 일을 하였습니다. 그런데 프리크라임 시스템은 앤더튼 팀장이 누군가를 살해하는 범행 장면을 예고합니다. 졸지에 예비 범죄자 신세가 된 존 앤더튼은 범죄 예방국의 추적을 피해 자신의 무죄를 증명하기 위해 도망 다닙니다.

| 영화 〈마이너리티 리포트〉 포스터

존 앤더튼은 이 과정에서 범죄 예방 시스템의 창시자인 하네먼 박사를

찾아가서 범죄 예방 시스템에 문제점이 있다는 것을 알게 되죠. 가끔 세 명 중 한 명은 다른 미래 상황을 예견할 때가 있다고 합니다. 이것을 '마이너리티 리포트'라고 하고 폐기 처분됩니다. 앤더튼은 이 마이너리티 리포트를 추적해서 누군가가 이런 범죄 예방 시스템의 약점을 이용해 살인 사건을 조작한다는 사실을 알아냅니다.

영화에서는 시스템에 대해 계속 이런 질문을 던집니다. '시스템이 예견했다고 해도 그 사람이 살인을 저지르지 않을 수 있지 않을까? 만약 그 사람이 스스로의 판단으로 살인을 하지 않을 수도 있는데 미리 살인범으로 체포해 버리는 것은 아닐까?' 그리고 시스템 우위의 세상이 저지를 수 있는 위험성을 경고합니다.

한편 현실에서 데이터를 토대로 범인을 찾는 방법으로는 프로파일링 기법이 있습니다.

프로파일링 기법은 범행 현장에 남아 있는 흔적이나 범행 수법을 데이터로 삼아, 심리학이나 행동 과학 등을 적용해 범인의 성격이나 특성, 행동 특징을 추론해내는 방법이죠. 육체적 증거(DNA · 지문), 목격자 진술, CCTV, 범행 시간대, 범죄 방법과 같은 범인 행동의 특징을 최대한 확보하고, 이를 통해 범인의 성격이나 나이, 직업, 거주지 등을 추론합니다. 더 나아가 범죄 행동의 원인과 특성을 파악하지요.

범죄는 범인이 잘 아는 공간에서 적합한 범죄 대상을 찾았을 때 많이 발생한다고 합니다. 범인은 최소한의 노력으로 범죄를 성공시키려 하기 때문이죠. 그래서 불필요하게 멀리 가려고 하지 않고 자신과 가까운 구역, 이전에 살아 본 지역에서 범죄 기회를 더 많이 노립니다.

즉 접근 가능성, 적발 가능성 등이 범죄자의 행동에 영향을 많이 줍니다. 이 역시 데이터를 기반으로 프로파일링해서 알아낸 정보입니다.

데이터를 통해 범인을 추적하고 범죄를 예방한다

그럼 이런 범죄의 흔적들을 통해 어떻게 범인을 추적할까요?

사건 현장에 남아 있는 범행의 흔적은 초범인 경우와 범죄에 익숙한 범죄자의 경우가 다릅니다. 백인, 흑인, 황인종에 따라, 집이 부유한지 가난한지, 얼굴이 호감형인지 비호감형인지, 키가 큰지 작은지에 따라서도 범행의 형태는 다르게 나온다고 합니다. 이런 상세한 정보들은 모두 범죄 데이터가 알려 준 결과들입니다.

사건 현장에서 이러한 범행의 특징을 파악한 다음에 범죄 데이터베이스를 통해 피해자의 특징, 범행 도구, 범행 방법 등 비슷한 사건을 검색합니다. 그리고 범죄 정황이나 단서를 통해서 용의자의 성별, 나이, 직업, 취향, 용모, 콤플렉스, 성격, 행동 유형, 거주지 등을 추론하여 용의자의 범위를 좁힐 수 있습니다. 이렇게 범죄와 장소 특성의 관계를 분석해 용의자의 주거지, 활동 근거지, 다음 범행 예상 장소 등을 예측합니다.

이미 사람들은 빅데이터를 이용해 범죄를 예측하기 위해 노력하고 있습니다. 미국의 많은 주에서는 〈마이너리티 리포트〉처럼 범죄 예측 알고리즘을 만들고 이를 적극적으로 활용하고 있습니다. 오리건 및 펜실베이니아 주의 공무원들은 재소자의 가석방 여부를 판단할 때 재범 위험성을 평가하는 데 예측 분석 시스템의 도움을 받고 있습니다. 또 메릴랜드 주는 데이터 분석을 통해 감시 중인 사람들 중에서 누가 살인을 하고 누가 살해를 당할 것인지를 예측하는 시스템을 개발했다고 합니다. 이 시스템을 통해 경찰의 연구원들은 과거에 강력 범죄를 저질렀던 범죄자 중에서 미래의 살인자를 예측합니다.

시카고, 멤피스, 리치먼드, 버지니아의 경찰은 범죄가 발생할 가능성이 크다고 예측되는 지역으로 순찰차를 미리 보냅니다. 경찰관들은 순찰을 나갈 때 12시간 안에 범죄가 발생할 확률이 높은 지역이 표시

된 지도를 받습니다. 이 예측 시스템은 수학자, 빅데이터 전문가, 인류학자들이 출동 보고서, 조서, 증언, 통화 내용 같은 경찰의 모든 전산 자료를 분석해 만든 것입니다. 이 자료들을 범죄 날짜와 장소, 유형에 따라 분류해 알고리즘을 만들고, 경찰관이 입력하는 새로운 정보와 순찰차 카메라, CCTV를 통해 계속 업데이트한다고 합니다.

디지털포렌식…디지털 증거를 찾아내는 과학 수사로 발전하다

요즘은 범죄자들을 잡을 때 CCTV, 휴대전화 통화 내역, 위치 추적, SNS 기록이나 문자나 온라인 대화 등을 통해서 범인을 검거하는 경우가 많습니다. 오늘날 우리는 다양한 디지털 기기를 이용하면서 생활하고 있으므로 이곳에 범죄의 흔적이 남아 있을 가능성이 매우 크기 때문입니다. 따라서 이에 대한 과학 수사 기법이 발전하고 있습니다.

'디지털포렌식(Digital Forensic)'이라고 들어 보셨나요? 이것은 컴퓨터나 스마트폰 같은 디지털 기기에 들어 있는 데이터를 수집하고 추출한 뒤, 이를 바탕으로 범죄의 단서와 증거를 찾아내는 과학 수사 기법을 말합니다. 포렌식(Forensic)이라는 단어는 고대 로마 시대의 포럼(Forum)과 공공(public)이라는 라틴어에서 유래되었고 범죄 수사와 관련한 모든 기술을 의미합니다.

범죄에 사용되는 데이터의 특성상 숨겨져 있거나, 삭제된 경우가 대부분입니다. 그러므로 이것을 찾거나 복구할 수 있는 첨단 기술이 필요합니다. 하드디스크나 USB 드라이브, SD 드라이브를 복원하거나, 암호 등 보안을 해제하여 디지털 기기의 사용자나 이를 통해 오고 간 정보를 추적 조사합니다.

이런 디지털포렌식 기술을 이용해 세월호에 타고 있던 아이들의 휴대전화를 복원하여 가슴 아픈 사연을 세상에 알리기도 했습니다. 또 희대의 사기꾼 조희팔 사건에서는 이메일 1만 5000건과 예금 계좌 140만 건, 통화 13만 건, 삭제 파일들을 정밀 분석해 조희팔의 도피처를 알아냈고 2000만 건의 금융거래 내용을 살펴 차명계좌 은닉자금도 밝혔다고 합니다.

현재 발달한 디지털포렌식 기술과 수사 기법은 30년 전 살인에 대한 범인을 찾아낼 정도로 발전하고 있습니다. 이를 토대로 이제 완전범죄는 불가능에 가까워지고 있습니다.

스포츠 : 빅데이터가 승부의 법칙을 바꾼다

—

〈머니볼〉

야구단 운영자는 단지 선수들을 사는 것에만 관심이 있습니다.

당신은 선수를 사는 것에 목표를 두기보다는

승리를 사는 것에 목표를 두어야 합니다.

승리를 얻기 위해서는 득점을 만들 수 있는 선수가 필요합니다.

_영화 〈머니볼〉 중에서

〈머니볼〉은 실화를 바탕으로 만들어진 영화로, 빅데이터가 스포츠에서 얼마나 많은 영향을 끼치는지를 잘 보여 줍니다. 뉴욕 양키스의 팀 연봉은 1억 2600만 달러이고, 오클랜드의 연봉 총액은 4000만 달러에 불과하다고 합니다. 냉혹한 승부의 세계에서 총 연봉은 그만큼 능력 있는 선수들을 보유하고 있다는 것을 의미하고 반면에 가난한 구단은 우수한 선수를 계속 빼앗길 수밖에 없습니다. 뉴욕 양키스가 오클랜드와 비교하면 세 배나 연봉 금액이 많으니 그만큼 선수의 능력 차도 크겠지요. 그런데 오클랜드팀은 2000년부터 2003년까지 4년 연속 포스트 시즌에 진출했다고 합니다. 오클랜드팀은 어떻게 이런 조건에서 부자 팀들과 대등한 경기력을 가질 수 있었을까요.

머니볼 이론은 명성이나 추측에 의존했던 기존 방식과 달리 철저하게 통계학을 바탕으로 경기의 승률을 최대로 높이는 방식입니다. 즉 경기 데이터를 분석해 오직 데이터를 기반으로 적재적소에 선수들을 배치해 승률을 높인다는 이론입니다.

오클랜드 구단주 빌리 빈은 기존의 타율, 타점, 홈런 등 흥행 요소만을 중시하던 야구계에서 출루율, 장타율, 사사구 비율이 승부와 관련되어 있음을 간파했습니다. 이런 분석 덕택에 아직 몸값이 낮지만 가능성 있는 신인이나 다른 팀이 주목하지 않는 저평가된 선수를 저렴한 비용으로 데려올 수 있었습니다. 하지만 그 과정이 순탄했던 것은 아닙니다. 당시만 해도 야구계에는 데이터 과학에 따라 선수를 기용한다는 것이 무척 생소한 접근 방식이었기 때문입니다.

| 영화 〈머니볼〉 포스터

빌리가 기존 관행에서 벗어나 선수에 대한 판단을 다르게 내리자, 스카우터들은 크게 반발하고 빌리와 부딪

칩니다. 하지만 구단주 빌리는 데이터가 알려 주는 지표를 믿고 선수를 발탁합니다.

빌리는 선수의 겉모습이나 야구인의 연륜과 경험을 중시하기보다는 과학적 조사 방식, 즉 통계에 기반을 둔 데이터 분석에 따라 선수를 써야 한다고 생각했습니다. 기존 관점에서 보면 문제가 있거나 부족한 선수이지만 데이터 관점에서 보면 전혀 다른 시각으로 판단할 수 있었던 것입니다.

이러한 오클랜드팀의 영향으로 요즘 야구는 데이터 중심으로 운영됩니다. 심지어 군대에서 쓰는 첨단 레이더 기술을 야구에 접목하기

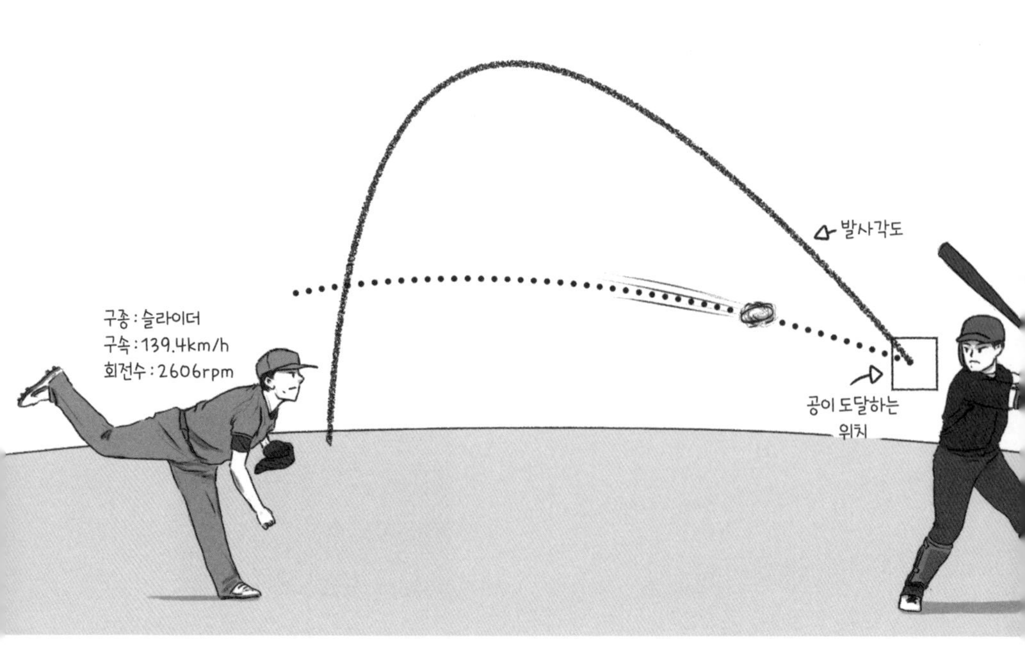

도 합니다. 이 레이더를 이용해 투구의 궤적과 투수의 그립, 타구 방향, 야수의 움직임까지 데이터로 만들고 있습니다.

이 시스템을 활용하면 투수가 타자에게 공 1개를 던질 때 데이터가 80~100개 나온다고 합니다. 투수가 쥔 공을 마지막으로 놓는 위치가 어딘지, 공이 얼마나 회전하는지, 공 궤적의 초속과 종속은 얼마나 차이 나는지, 공의 상하좌우 움직임은 어떤지, 공이 포수에게 도달한 위치는 어딘지가 측정됩니다. 타자가 공을 치면 발사 각도(타구 궤적과 지면의 각도)와 타구 속도, 친 공이 경기장 내 도달한 좌표와 지면에 떨어지기까지 시간도 데이터로 만들어집니다.

이러한 빅데이터를 활용해서 투구가 좋았을 때와 나빴을 때의 공을 놓는 위치나 시점을 나타내는 릴리스 포인트, 구종별 공 회전수, 스트라이크 존에서 어디로 많이 던지는지 등을 비교할 수 있습니다.

류현진 선수가 LA 다저스에 몸담았을 때 슬럼프를 겪은 적이 있었습니다. 이때 데이터 분석을 해본 결과, 직구와 체인지업을 던질 때 팔 각도가 살짝 떨어져 있음을 알 수 있었습니다. 그로 인해 주 무기인 체인지업이 좋지 않은 코스로 들어간 것을 파악할 수 있었지요. 이런 정보를 바탕으로 류현진 선수는 자세를 수정해 다시 위력적인 공을 던질 수 있게 되었습니다.

야구 중계를 보다 보면 해설자가 '수비 시프트'라는 말을 자주 사용하는 걸 듣게 됩니다. '타자가 야구장의 어느 위치로 타구를 많이 보내는지, 타구 속도는 얼마인지'를 분석해 수비 위치를 조정하는 것이지요. '기록은 거짓말을 하지 않는다'라는 말이 통용될 만큼 야구는 빅데이터 분석이 많이 적용되는 스포츠입니다. 빅데이터 분석은 이제 야구의 한 부분이 되어 있습니다.

축구도 이제 빅데이터 싸움!

많은 사람이 야구는 숫자와 확률이 중요하지만, 축구는 그렇지 않다고 생각합니다. 그러나 야구뿐만 아니라 축구도 이제 데이터의 싸움으로 변하고 있습니다. 영국 프리미어리그 구단 '아스널'의 경우에는 아예 데이터 분석업체를 자회사로 인수했습니다. 빅데이터 분석의 결과가 경기에 큰 영향을 미치고 있기 때문입니다.

2014 브라질 월드컵에서 우승한 독일 축구 대표팀은 훈련 중 무릎과 어깨 등에 센서 네 개를 부착하고 운동량부터 순간 속도, 심박 수, 슈팅 동작, 방향 등에 대한 데이터를 실시간으로 수집하고 분석했습니다. 골키퍼의 경우는 양 손목을 포함해 총 여섯 개의 센서를 사용했다는군요. 이 센서 하나가 1분에 총 1만 2000여 개의 데이터를 만들어 내고, 이를 분석한 결과를 감독, 코치들은 실시간으로 받아볼 수 있었다고 합니다. 이 데이터 분석 결과를 바탕으로 선수들은 최상의 몸 상태를 만들 수 있었고, 감독은 훈련과 전략을 수립하는 데 적극적으로 활용할 수 있었습니다.

또한 독일 대표팀은 2차 연구를 통해 유니폼이나 신발 그리고 축구공에 센서를 부착해 데이터를 수집하고 처리, 분석할 수 있는 기능을 더했습니다.

이런 데이터 분석을 통해 공이 상대방 골키퍼나 수비수를 맞고 떨어지는 '세컨드 볼'을 잡는 것이 중요하다는 것을 알아내었습니다. 세컨드 볼이 떨어지는 곳은 7미터 이내라고 합니다. 따라서 7미터 거리를 순간적으로 빨리 움직일 수 있는 능력이 중요해졌습니다. 또 전체 패스 성공률보다는 상대 골문 근처에서 패스 성공률이 더 중요한 데이터라는 것도 알게 되었지요.

이런 분석 결과를 바탕으로 선수를 발굴하고 기용해서 그에 맞는 전략을 수립할 수 있게 된 것입니다. 그 결과, 독일 대표팀은 2014 브라질 월드컵에서 우승을 차지했습니다. 월드컵 브라질전을 7-1로 크게 이긴 독일 선수들은 브라질 선수들이 예상했던 대로 움직이고 패스했다고 인터뷰했습니다. 경기 전에 데이터 분석을 거쳐 예측한 사항이 맞았던 것입니다.

모든 스포츠 경기에서 데이터 수집이 중요해지고 있다

스포츠 경기는 대부분 승부를 가르고 기록이 측정됩니다. 경기 득점이나 순위가 매겨지고 시간, 높이, 거리가 측정됩니다. 이런 스포츠에서 정보의 힘은 결과에 많은 영향력을 끼칩니다. "한 나라의 올림픽 경기력을 알고 싶다면 눈을 들어 그 나라의 과학 기술 수준을 보라"라는 말이 있습니다. ICT 기술 수준에 따라 스포츠 결과가 비례한다는 의미입니다.

정보 기술의 발달로 스포츠 분야에서는 다양한 웨어러블(Wearable)을 활용해 데이터를 측정하고 있습니다. 웨어러블 기기는 사용자의 신체에 착용할 수 있는 전자 장치를 말합니다. 여기에는 옷, 안경, 시계, 밴드, 모자, 헬멧, 보호대 등이 있고 이것들을 착용해서 신체 데이터를 실시간 측정합니다. 웨어러블 장치로 사용자의 근육 상태, 심장 박동, 균형 상태, 운동 강도 및 속도, 자세 효율성, 운동 능력, 관절에 관련된 데이터를 얻을 수 있습니다.

이렇게 수집된 빅데이터가 가장 큰 위력을 발휘하는 분야는 기록 경기입니다. 축적된 기록 데이터를 보며 장비의 이상을 예상하고, 실시간 대응으로 얼마나 기록 단축이 가능한지 가늠할 수 있기 때문입니다.

자동차 경주인 F1도 빅데이터가 광범위하게 사용되는 분야입니다. 넷앱에 따르면 F1 경기를 통해 1년 동안 약 20테라바이트의 데이터가 생성된다고 합니다. 차량에 부착된 100여 개의 센서에서 데이터가 생성됩니다. 타이어, 엔진, 차량 온도와 연료 상태 등의 핵심 정보를 실시간으로 넷앱의 데이터 센터로 전송하고 활용해서 기록을 단축시키지요. 레이싱 팀은 데이터 분석을 토대로 타이어 교체와 주유 등의 동선을 최소화하는 방안을 연구해 경기를 준비합니다.

동계 스포츠는 얼음 위에서 움직이는 스케이트와 썰매의 날, 얼음과 공기의 온도, 습도 그리고 공기 저항 등 이른바 환경 데이터가 경기 기록에 많은 영향을 끼칩니다. 이러한 데이터를 통해 장비의 성능과 경기 평가 기준을 마련합니다.

스포츠 장비에도 속도, 거리, 힘, 회전력 등을 측정하는 다양한 센서를 붙여 온도와 습도 같은 환경 데이터에 따른 장비의 성능을 관리합니다. 이 빅데이터를 통해 장비를 개선하고 선수 훈련에도 활용합니다.

인공지능 코치와 심판

이렇게 빅데이터가 수집되면 이를 기반으로 인공지능이 스포츠 무대에서 많은 역할을 하게 될 것입니다. 인공지능이 활약할 역할로는 스포츠 심판, 코칭, 훈련 전략 수립, 경기 예측과 분석 등이 떠오르고 있습니다. 경제협력개발기구(OECD)의 '일자리의 미래' 정책 브리프에 따르면 스포츠 심판은 로봇에 의해 인간을 대체할 가능성이 가장 큰 직업군으로 선정됐습니다.

현재 인간의 감각 오류를 보완하고자 다양한 스포츠에서 인공지능 시스템을 도입하고 있습니다. 테니스 경기에서 오심 논쟁이 가장 빈번하게 일어나는 경우가 공이 선 밖으로 떨어졌다고 판단하는 심판의 아웃(Out) 선언이라는 사실을 밝혀졌습니다. 그래서 테니스 경기에서 공이 아웃(Out)인지, 인(In)인지를 정확히 판단할 수 있는 '호크아이 시스템'을 본격적으로 도입하였습니다. 호크아이는 경기장 곳곳에 설치된 10여 대의 초고속 카메라가 공의 움직임을 포착해, 이를 실시간 통신과 분석 기술을 이용해 3차원 영상으로 재구성하는 것입니다. 이것을 이용하면 공의 아웃과 인 여부를 단 10초 만에 판정할 수 있습니다.

| 2012년 크레믈린컵 테니스 대회에 설치된 호크아이 카메라의 모습 _ ©JukoFF

야구에서도 카메라 3대를 장착해, 투수가 던지는 공의 궤적과 속도 데이터를 측정해 스트라이크존에 들어왔는지를 판정하는 시스템을 도입했습니다. 이 시스템을 방송 중계에 활용하고 있지요. 심판뿐만 아니라 배드민턴, 탁구, 야구, 펜싱 등 팔을 쓰는 스포츠 종목에는 로봇 팔이 훈련 파트너 역할을 해줍니다. 단순 동작을 반복하던 로봇이 인공지능과 만나 스스로 판단하고, 상황을 예측하는 수준까지 발전했기 때문에 가능해진 일입니다.

또한 기술의 발달로 인해 이제는 스포츠 현장에 가지 않아도 현장의 생생한 느낌을 맛볼 수 있습니다. 스카이다이빙, 스킨스쿠버, 모터스포츠 등 일반인들이 실제 접하기 어려운 익스트림 스포츠와 스키, 골프 같이 날씨의 영향을 많이 받는 스포츠를 중심으로 가상 현실 기술이 빠르게 도입되고 있습니다. 경기장 안에 있는 것처럼 선수들의 생동감 있는 경기를 집에서 지켜볼 수 있다는 것은 분명 커다란 매력이 될 것입니다. 또한 코로나19로 인해 더욱 늘어난 '비대면 서비스'

에 대한 수요도 이러한 가상 스포츠 세계의 확장을 앞당길 것입니다.

현재 스크린골프, 승마, 야구 같은 가상 현실 스포츠 체험은 수천억대의 시장을 형성하고 있습니다. 컨설팅회사 골드만삭스는 가상 현실 생중계 시장이 2025년에 41억 달러 규모로 커질 것으로 전망합니다.

의료·헬스 케어 : 진시황제가 찾던 영생의 비밀이 열린다

—

〈아일랜드〉

모든 생명체는 식물인간 상태로 존재합니다.

따라서 의식이 없죠. 생각하거나 고통, 기쁨, 사랑, 증오의 감정을 느끼지 못합니다.

그들은 상품이지 인간이 아닙니다.

_영화 〈아일랜드〉 중에서

시간 여행에 관한 이야기인 영화 〈백투더 퓨처 2〉에 미래에서 돌아온 브라운 박사는 얼굴도 젊게 바꾸고 신체 장기도 교체해서 1편보다 젊은 모습으로 나타납니다. 미래에 이런 기술이 개발되어 있다면 누구나 젊음과 건강을 찾고 싶을 것입니다. 천하를 거머쥔 진시황의 바람처럼 사람들은 모두 건강하게 오래 사는 것을 바랄 테니까요.

사람들의 이런 바람이 복제 인간을 통해 이루어질 수 있을까요. 영화 〈아일랜드〉에서는 손상된 신체를 이식받기 위해 자신과 똑같이 복제된 사람을 생명 공학으로 탄생시켜 관리합니다. 복제 인간들은 지하 공간에 격리되어 지구가 핵전쟁으로 오염되고 자신들이 마지막 생존자들이라고 알고 있습니다. 그들의 유일한 꿈은 아일랜드라는 지상 낙원에 가는 것입니다. 하지만 아일랜드로 가는 것에 당첨된다는 것은 곧 그들의 장기를 제공하기 위해 수술실로 가는 것이었습니다.

복제 인간들은 의뢰자들에게 장기를 제공하는 것이 목적이기 때문에 운영자는 그들의 건강을 최고의 상태로 유지하는 것이 무엇보다 중요합니다. 영화 첫 부분에서 복제 인간들이 건강을 자동으로 점검받고 그 결과에 따라 식단이 조정되는 장면이 나옵니다. 또한 잠에서 깨어나면 옆 모니터에서 자는 동안 램 수면할 때 비정상적인 패턴을 보였다는 것을 보여 주며 보건 센터를 찾아 상담을 받으라는 장면도 있습니다. 수면 중 체온, 움직임, 맥박 수, 호흡 수와 같은 수면 패턴을 통해 얼마나 건강한 수면을 취하고 있는지, 언제 어떠한 이상 패턴이 있는지 측정하여 관리하는 것입니다.

인간에게 장기를 제공하기 위해 아이러니하게도 철저하게 건강을 관리받는 복제 인간들의 삶이 영화에는 그려집니다. 이러한 건강 관리가 비단 영화에서만 가능한 일들은 아닙니다. 아일랜드에 등장하는 많은 의료 서비스와 헬스 케어가 실제로 이루어지고 있습니다.

한 예로, 바쁜 현대인들은 점점 수면의 질이 중요하게 생각합니다. 이에 따라 수면 패턴을 분석해서 건강한 수면을 관리하는 산업인 '슬

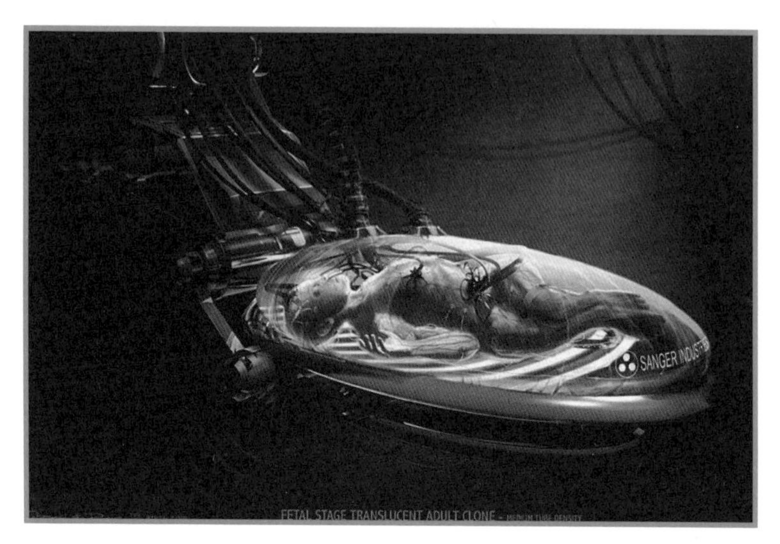

| 영화 〈아일랜드〉의 한 장면

리포노믹스(Sleeponomics)'의 시장이 커지고 있습니다. (슬리포노믹스는 슬립(sleep)과 이코노믹스(Economics)의 합성어입니다.)

또 주인공 링컨 6-에코가 소변을 보자, 소변을 분석하여 '나트륨 과다 검출, 영양분 조절 권장'이라는 메시지를 보여 주며 건강 상태를 바로 진단하는 장면이 나오는데, 이 역시 현실에서도 가능합니다. 이제는 화장실에 설치된 스마트 변기에 앉아서 볼일을 보는 것만으로도 몸무게와 체온이 검사되고, 염도와 산도, 요단백, 포도당, 적혈구를 측정하여 건강 상태를 바로 파악할 수 있습니다.

영화 속 복제 인간들은 모두 흰 유니폼을 입고 생활하는데, 이렇게 '입는 옷에 담긴 웨어러블' 기술을 통해 심박 수, 땀 배출량, 움직임 등을 측정할 수 있습니다. 이를 통해 사용자의 평균 심장 운동 수치나, 소비 열량 정보를 알게 됩니다. 향후 당뇨, 고혈압 등 만성질환까지 관리할 수 있는 웨어러블 기기로 발전해 나가고 있습니다.

치료에서 예방과 관리로!
빅데이터가 활약하는 헬스 케어 영역

헬스 케어는 건강과 관련된 거의 모든 영역을 말합니다. 여기에는 질병의 진단과 치료부터 질병 예방, 건강 관리, 사회 의료체계까지 포함됩니다. 의학은 역학(epidemiology), 통계학과 많은 관련이 되어 있습니다. 역학은 특정 인구 집단에서 어떤 질병이나 건강과 관련된 상태나 사건의 빈도와 분포를 파악하고, 이러한 빈도나 분포를 결정하는 요인이 무엇인지 파악하는 데 쓰입니다. 이를 통해 병을 예방하고 관리할 수 있습니다.

2020년 코로나가 전 세계로 퍼져 나갈 때 우리나라의 '신종 코로나바이러스 감염 역학조사 지원 시스템'이 세계적인 주목을 받았습니다. 이 시스템을 활용하면 코로나19 확진자의 동선을 10분 내에 도출하여 감염 위험이 높은 사람들을 빨리 찾아내어 검사를 받도록 할 수 있습니다. 한편 새로운 치료제나 예방법이 정말 효과가 있는 것인지 판정하기 위해서 통계학을 활용합니다.

18~20세기 초반만 해도 헬스 케어는 주로 전염병 치료가 주요한 목표였습니다. 당시 산업 혁명이 일어나면서 도시에 공장이 세워지고 많

은 인구가 유입되면서 다양한 전염병이 생겨났습니다. 이러한 전염병의 치료 방법을 개발하고, 덩달아 전염병을 예방하기 위한 상·하수도, 화장실과 같은 도시 인프라를 구축하는 사업이 이루어졌습니다.

20세기에 들어서면서 세계 경제가 발전하며 의약품, 의료 기기와 같은 의료 서비스가 발달하기 시작했습니다. 21세기 이후부터는 기존의 치료 중심에서 벗어나 예방 및 건강 관리로 변화하고 있습니다. 고령 인구가 늘어나고 그에 따라 만성 질환 및 노인성 질환이 많아졌기 때문입니다. 사람들의 기대 수명이 늘어남으로써 이에 따른 여러 사회 문제를 해결해야만 하지요. 이러한 의료 분야의 흐름 속에서 빅데이터가 점점 중요해지고 있는 것입니다.

의료 현장에서는 환자에 대한 영상 정보, 웨어러블, 스마트 모니터링 같은 장치를 통해 엄청난 빅데이터가 쌓이게 됩니다. 이렇게 빅데이터가 쌓이면 무엇이 발달할 수 있을까요. 네, 바로 인공지능 의사입니다. 인공지능 의사는 객관적인 판단을 내리고, 오류를 줄이는 데 큰 역할을 할 것으로 기대됩니다.

의료 분야에서 인공지능은 크게 세 가지 분야에서 활약할 것으로 예상합니다.

첫 번째는 전자의무기록, 유전 정보 등 빅데이터를 분석하여 치료를 도와 주는 일입니다. 현재 IBM의 인공지능 의사 왓슨은 암 진단 및 임상 시험, 암 유전체 분석을 돕고 있습니다. 전자의무기록에 저장된 다양한 데이터를 분석하여 암 환자에 대한 최적의 치료법을 의사에게 권고해 주고, 이에 대한 논문, 임상 연구 결과 등 근거까지 제시해 줍니다. 2013년 미국의 MD 앤더슨 암센터에서 백혈병 환자 200명을 연구한 결과, 왓슨의 치료 권고안이 실제 의사들의 판단과 80% 이상 일치했다고 합니다.

두 번째로는 의료 데이터를 해석하는 일입니다. 엑스레이, MRI 등 영상의학 데이터나 암 조직 검사와 같은 병리 데이터를 분석합니다. 인공지능이 인간보다 뛰어난 의료 분야는 의료 영상이나 사진 판독 분야입니다. 2019년 학술지 「Nature Medicine」에 게재된 논문에 의하면 폐암 CT 영상을 AI가 진단했을 때 정확도는 94%, 뇌종양 MRI 영상의 경우, 정확도는 85% 이상이었다고 합니다. 전문의들의 진단율 60%보다 훨씬 높은 정확도를 보인 것이지요.

세 번째는 혈당, 혈압 등의 생체 데이터를 분석하여 위험 징후를 빠르게 예측하는 일입니다. IBM은 당뇨병 환자들의 혈당 수치를 왓슨이 분석하여 저혈당증을 3시간까지 예측할 수 있다고 전합니다.

그러나 현재 인공지능의 정확도가 높다고 해서 당장 인공지능이 인간 의사를 대체하기는 어려울 것으로 보입니다. 인공지능은 대량의 데이터가 확보되는 특정 분야에서만 정확도가 뛰어나고, 종합적인 판단력은 아직 인간보다 못 미치기 때문입니다. 또 어떤 영상을 보고 정보를 분석하고 판단할 수는 있지만 이것을 가지고 다른 의사와 토론하거나 환자와 의사소통을 하는 건 불가능합니다.

미래의 의료, 개인별 맞춤 의학의 시대가 열리다

미래에는 인간이 자체적으로 만들어 내는 데이터에 주목하고 있습니다. 바로 의료 데이터, 유전체 데이터, 활동 데이터입니다. 한 사람이 평생 동안 만들어 내는 의료 데이터가 0.4테라바이트(TB), 외부적인 활동 데이터는 1100테라바이트가 생산되고, 사람 한 명의 유전체 정보량은 약 250기가바이트(GB)라고 합니다.

최근에는 유전자 정보가 주목받고 있습니다. 2000년대 초, 30억 개의 DNA 염기 서열을 해독해서 만들어진 인간 유전체 지도 초안은 생물을 데이터로 해석할 수 있게 해주었습니다. 이제 인간의 유전체 정보를 해석해 개인별로 맞춰 건강을 관리하고 치료하는 시대가 다가오고 있습니다.

애플 창업자인 스티브 잡스는 2011년 췌장암에 걸려 사망했죠. 2011년 당시 약 1억 원 이상 비용을 들여 자신의 유전체 정보를 분석해 췌장암 원인 유전자 변이를 찾아냈습니다. 하지만, 아쉽게도 치료제가 없어 손을 쓸 수 없었다고 합니다.

유명 배우 안젤리나 졸리는 2013년 '유방암 예방을 위해 유방을 모두 절제했다'라고 발표해 많은 사람들을 놀라게 했습니다. 졸리는 'BRCA1'이라는 암 억제 유전자 변이를 가지고 있어서 유방암에 걸리기 쉬운 체질이라고 합니다. 그녀의 주치의는 향후 유방암에 걸릴 확률이 80%가 넘는다고 진단했는데, 유방을 절제함으로써 발생 확률을 5% 이하로 줄일 수 있었죠.

유전병 원인은 모두 유전체 이상에서 유래합니다. 개인 유전체 정보를 정확히 해독한다면 병을 일으키는 원인 유전자를 알아내고 미리 예방할 수가 있는 것이지요. UC 버클리대학교 김성호 교수는 빅데이터 분석을 통해 암의 위험도를 알아낸 결과, 암 발병의 약 33~88%는 유전적 취약성에 의해서 발생하고 나머지는 환경이나 생활 습관에 의해 발생한다고 말합니다. 즉 유전자 분석을 통해 암 위험도를 예측해 예방하거나 조기 발견이 가능하다는 얘기입니다.

빅데이터를 토대로 앞으로 헬스 케어는 이렇게 예측하고 예방하는 쪽으로 흘러갈 전망입니다. 또한 환자의 특성에 맞춰 개인별 치료를 하는 의학으로 발달하게 될 것입니다.

자율자동차 : 스스로 판단하고 움직인다

〈캡틴 아메리카 : 윈터솔져〉

닉 퓨리　수직 비행해!

자동차　「비행 시스템이 손상되었습니다.」

닉 퓨리　그럼 안내 카메라를 작동시키고 수동 운전 모드로 전환해. 힐 요원 연결해 줘!

자동차　「통신 장치가 손상되었습니다.」

닉 퓨리　아, 손상되지 않은 기능은 무엇이지?

자동차　「에어컨은 정상 작동합니다. 앞에 차량 정체가 있습니다.」

닉 퓨리　다른 길을 안내해 줘!

_영화 〈캡틴 아메리카 : 윈터 솔져〉 중에서

전 세계적인 인기를 구가하는 마블 영화들에는 실제 있을 법한 첨단 과학의 모습을 구현하여 미래 기술과 관련된 볼거리가 아주 풍성합니다. 그중 영화 〈캡틴 아메리카 : 윈터 솔져〉는 〈캡틴 아메리카〉 시리즈 2편으로 우리나라에 2014년에 개봉했습니다. 탄탄한 스토리와 멋진 액션으로 영화 팬들의 사랑을 받은 이 영화에서는 아주 인상 깊은 장면이 등장합니다. 바로 비서처럼 알아서 척척 일을 수행해내는 자동차입니다. 이 비서 같은 차가 어떻게 활약하는지 살펴볼까요?

도로를 유유히 운전하던 어벤져스의 퓨리 국장은 갑작스러운 습격을 당합니다. 누군지 모를 적이 쏜 총탄이 차창에 쏟아지면서 그 순간 퓨리 국장이 탄 차는 '알아서' 방탄 시스템을 가동시킵니다. 퓨리 국장은 적과 치열한 교전을 하면서 자동차에게 여러 가지 명령을 내립니다. 이에 따라 퓨리 국장의 자동차는 방어 시스템을 작동하고 공격에서 벗어나기 위해 '스스로' 운전을 합니다.

이 똑똑한 자동차는 차량의 속도, 연료, 길 안내 등을 운전자 바로 앞 유리창에 보여 주는 헤드업디스플레이를 활용해 각종 정보를 닉 퓨리에게 제공합니다. 수동 운전 모드로 전환하라는 명령에 다시 닉 퓨리가 운전하도록 권한을 넘기기도 하지요. 이것저것 물어오는 닉 퓨리의 질문에 차분하게 대답하는 비서 역할도 합니다. 퓨리 국장은 자율주행 자동차의 도움으로 위기에서 벗어납니다.

'자율주행 자동차'는 운전자가 핸들과 가속 페달, 브레이크 등을 조작하지 않아도 자동차 스스로 목적지까지 찾아가는 기술입니다. 자동차가 알아서 운전하므로 운전자가 차 안에서 자유롭게 시간을 보낼 수 있습니다. 그렇게 되면 미래의 자동차는 단순히 이동 수단이 아닌

또 하나의 생활 공간이 되어 폭넓게 활용될 것입니다.

예를 들어 차량에 탑승하면 자동차가 탑승자에게 오늘 날씨나 일정을 알려 주거나 좋아하는 음악을 틀어 준다거나 목적지 주변의 맛집이나 방문하기 좋은 장소를 소개해 줄 수 있습니다.

대표적인 제조 산업인 자동차 산업은 빅데이터와 아무런 관련이 없는 것 같지만 자동차가 주행하면서 엄청난 차량 데이터가 생겨납니다. 자동차에는 전자제어장치(ECU)가 200개 이상, 반도체가 6000개 이상, 센서 200여 개가 들어갑니다. 이렇게 다양한 전자 제품이 탑재되어 있어 주행 속도, 브레이크 이력과 같은 운전자의 운행 기록이나 운전자 행동과 감정 상태는 물론, 음주 여부와 공기 오염 데이터까지 얻을 수 있습니다. 또 자동차의 위치, 정비 상태, 연료 상태 등도 모두 데이터가 됩니다. 블랙박스 카메라와 스피커로는 영상, 음성 자료도 얻을 수 있지요.

이런 센서와 제어기를 통해 차 한 대가 한 시간 동안 만들어 내는 데이터는 100메가바이트(MB), 연간으로는 11기가바이트(GB)에 달한다고 합니다. 결국, 미래 자동차는 인공지능 알고리즘, 소프트웨어, 데이터 저장과 같은 빅데이터 기술이 주요 기능으로 쓰이게 됩니다.

미래 기술의 집합체, 자율주행 자동차

자율주행 자동차의 개념은 1939년 뉴욕세계박람회에서 처음 등장했습니다. 산업 디자이너 노먼 벨 게디스와 제너럴 모터스는 컴퓨터와 자동속도조절 장치가 달린 자동차 컨셉을 선보였지요. 실제로 자율주행차가 제작된 것은 1977년 일본 쓰쿠바 기계공학 연구소에서 만든 자동차로, 미리 표시해 둔 표식을 따라 주행하는 차였습니다.

우리나라에서 최초 자율주행차가 선보인 것은 1993년 대전 엑스포입니다. 하지만 그 뒤 별다른 지원이 없어지면서 기술이 정체되었다가 최근에는 가시적인 성과를 보였습니다. 바로 2018년에 현대 자동차의 수소전기차 넥쏘가 서울특별시에서 평창군까지 서울-평창 간 고속국도를 자율주행 기능만 이용해 완주해낸 것입니다.

자율주행 자동차는 네트워크에 연결된 자동차가 다양한 서비스를 제공하는 커넥티드 카(Connected Car)로 먼저 다다르고 나서 점점 지능적인 서비스를 제공할 수 있는 스마트 카(Smart Car)의 모습으로 발전해 나갈 것입니다.

커넥티드 카는 차량의 내부나 주변의 네트워크 또는 인터넷을 통해 원격 시동과 진단이 가능하고 전화나 메시지, 이메일을 송수신할 수 있으며 실시간 교통정보, 긴급 구난 등의 서비스를 제공합니다.

그리고 차량과 차량, 차량과 사물이 서로 통신하여 주변 차들에 대한 위치와 속도, 상태를 공유하며 교통 상황을 파악합니다. 또한 전방 유리에다 차량의 속도와 주행 정보, 경로, 지도, 주차 안내 같은 다양한 정보와 오락을 탑승자에게 제공할 것입니다.

이토록 다양한 정보와 편의를 제공하는 자율주행차가 실현되려면 크게 라이다 센서, GPS 안테나, 사물 인식 카메라 기술이 필요합니다. 라이다 센서를 통해 거리와 주변 사물을 감지하고, GPS 안테나를 통해 위치 정보를 수신하고, 사물 인식 카메라를 통해 주변 상황을 인지합니다. 라이다 센서는 빛을 보낸 뒤 반사되어 오는 신호를 계산하여 범위 내에 있는 물체의 형태를 3D로 인식합니다. 영상 데이터와

| 2017년 샌프란시스코 만 지역을 시험주행하는 웨이모 자율주행차 ©Dllu

라이더 데이터를 종합해서 사람, 건물, 나무, 자동차, 차선, 표지판 등을 인지하게 됩니다. 이렇게 주변 차량이나 실제 도로에서 맞닥뜨릴 장애물들을 빨리 인식하여, 어떻게 자동차를 제어할지를 결정합니다.

왜 미래에 자율주행 자동차가 주목받을까요? 교통사고의 95% 이상이 운전자 또는 사람의 실수로 발생합니다. 자율주행 자동차는 소프트웨어를 바탕으로 움직이기 때문에 정확도 측면에서 사람보다 훨씬 나을 수 있습니다. 모든 것이 시스템에 따라 움직이면 교통사고와 함께 교통 체증도 없어질 것입니다.

또한 차량을 소유하기보다는 공유함으로써 사회적으로 경제성과 친환경성 역시 높아질 것입니다. 이런 자율주행차의 기술은 다른 분야에도 적용될 수 있습니다. 농업 기계가 스스로 움직인다면 노동력이 부족한 농촌의 인력 문제를 많이 해결해 줄 것입니다. 영국 시장조사기관 주니퍼리서치는 2025년까지 전 세계에 2200만 대에 달하는 자율주행차가 보급될 것이라고 예상합니다.

자율주행 자동차도 자동화 기술력에 따라 단계가 나뉘어지는데요. 미국 교통부 산하 도로교통 안전국(NHTSA)은 2016년 자동차 자동화 레벨을 5단계(0~4단계)로 구분하였습니다. 우리나라는 미래 자율주행 자동차 시장을 선점하기 위해 2020년에 '미래 자동차 확산 및 시장 선점 전략' 계획을 발표하였습니다. 이에 따라 2022년에 부분 자율주행차, 2024년에는 완전 자율주행차를 일부 상용화하는 것을 목표로 하고 있습니다. 현재 레벨 4단계의 자율자동차를 개발하고 있는데 시장조사 업체 스트래티지 애널리틱스는 2035년에는 레벨 4 이상이 전체

단계	자동차 자동화 레벨
0단계	인간이 직접 운전석에 앉아 직접 제어하는 방식입니다.
1단계	1단계는 운전자 보조 시스템을 갖춘 차량입니다. 자동차가 간접적으로 운전에 개입합니다. 예를 들어 차량 속도를 일정하게 유지하는 크루즈 컨트롤 기능이나 차간 거리 제어, 일정 속도 유지 기능이 있습니다.
2단계	1단계는 방향 조정, 가 · 감속, 제동 중에 한 가지만 했다면 2단계는 복합적으로 작동합니다. 예를 들어 일정 속도를 유지하면서 차량이 차선 가운데로 가도록 방향을 전환합니다. 이때 운전자들은 시선을 전방을 봐야 하지만 운전대와 페달은 사용하지 않습니다.
3단계	3단계는 운전자가 계속 운전대를 잡고 있지 않고 브레이크나 가속 페달을 밟지 않아도 차량이 스스로 속도 조절 및 방향 전환을 할 수 있는 단계입니다. 운전자들은 위급한 특정 상황에만 개입하는 제한적 자율주행 단계입니다.
4단계	4단계는 모든 환경에서 자율 주행하는 완전 자율주행 단계입니다. 자동차 스스로 모든 것을 판단하고 제어합니다.

자동차의 19% 정도 차지할 것이라고 내다보고 있습니다.

자율주행차가 가져오는 문제점

2020년 코로나19로 인해 무인 자율주행 자동차와 로봇이 급속도로 발전하고 있습니다. 미국 메이오클리닉 병원에서는 자율주행 셔틀이 코로나19 검사 구역을 돌아다니며 채취한 검체 박스를 검사 요원에게 전달합니다. 또 미국 캘리포니아 주정부는 코로나19 사태로 비대면으로 식료품이나 생활용품을 소비자에게 전달하기 위해 유통업계의 무인 택배차 운행을 일부 허가했답니다. 중국도 코로나19가 발생한 우한 지역에서 무인 자율주행차로 생필품을 배송하고 도시 방역과 병원 내 의료용품 이송에 활용하고 있습니다.

국내 대형 마트 이마트도 자율주행 배송 서비스 '일라이고(eli-go)'를 시범 운영하고 있습니다. 고객이 물품을 구입하면 자율주행 차량이 집 근처까지 당일 배송해 줍니다. 또 배달앱으로 유명한 '우아한형제들' 기업 본사 건물에서는 스마트폰으로 주문하면 음료, 간식을 자율주행 로봇이 배달해 준다고 합니다. 이처럼 사무실, 대형 마트, 물류센터에서 물건의 이동이 필요한 곳에 자율주행 무인 카트를 쓰는 일이 늘어나고 있습니다.

미래 기술의 집약체인 자율주행 자동차이지만, 이 자율주행 자동차가 가져다주는 미래가 마냥 좋기만 한 것은 아닙니다. 기술 발달이 불러온 사회 변화의 모습에는 언제나 좋은 점과 나쁜 점이 공존하기 마련이니까요. 이렇게 자율자동차가 보급될수록 일자리 문제가 불거질 수 있습니다. 가장 먼저 영향을 받을 분야는 바로 운수업계일 것입니다. 택시 기사, 버스 기사, 택배나 화물차 운전기사의 일자리가 감소할 것으로 예상합니다.

이보다 더 큰 문제가 바로 해킹입니다. 자율주행 자동차를 이용하면 많은 정보가 기록됩니다. 차량의 이동 경로, 통화 목록, 이메일 목록, 연락처, 사진, 차 안 대화, 음성 명령, 네트워크를 통해 집에 대한 정보에도 접근할 수 있습니다.

또 PC에 바이러스를 심어 두고 돈을 내게 하는 랜섬웨어처럼, 시동을 걸려면 돈을 내라고 요구한다든지, 시동을 끄거나, 브레이크를 못 쓰게 만들거나, 핸들을 엉뚱한 방향으로 틀어 운전자를 위협에 빠뜨리는 범죄도 가능해집니다.

실제 2015년에 유명한 해커 찰리 밀러가 16킬로미터 떨어진 곳에서 지프 체로키를 해킹하여 운전대와 브레이크를 마음대로 조작한 장면이 방송되기도 했습니다. 커넥티드 카에는 무선 인터넷 연결이 가능한 텔레매틱스 시스템을 사용하기 위해 IP 주소가 부여됩니다. 따라서 컴퓨터를 해킹하는 것처럼 IP 주소를 알아내어 어디서든지 차에 접속할 수 있는 취약점이 있는 것입니다.

또 다른 문제는 교통사고의 위험입니다. 아무리 자율자동차라고 해도 교통사고의 위험을 완전히 벗어날 수는 없습니다. 자율자동차가 고속도로를 달린다면 전혀 예상하지 못한 상황에서 빠르게 판단하고 순간적으로 위급한 상황에 대처해야 합니다. 이때 사람의 실수와는 다른 자율주행 자동차만의 판단 착오 문제가 불거질 수 있습니다.

'트롤리 딜레마(Trolley dilemma)'라는 상황이 있습니다. 단순히 계산적으로 다수를 구하기 위해 소수를 포기하는 것이 과연 도덕적으로 허용되는지에 대한 생각 실험입니다. 만약 당신이 이런 상황에 부닥친다면 어떤 선택을 하실 건가요.

당신은 기차 기관사이고 지금 기차는 시속 100km가 넘는 속력으로 질주하고 있습니다. 그런데 저 앞에 다섯 명의 인부가 철로에 서 있습니다. 속도가 빨라 브레이크를 잡아도 멈출 수 없는 상황입니다. 대신 오른쪽에 비상 철로가 눈에 보입니다만, 그곳에도 인부가 한 명 작업하고 있습니다. 당신은 불과 몇 분의 일 초 안에 철로를 바꿀지 말지를 결정해야 합니다.

이러한 상황에서 당신은 어떤 선택을 내려야 할까요? 만일 선택을 내리는 이가 사람이 아닌 기계라면 기계는 어떤 판단 근거로 선택하게 만들어야 할까요? 자율주행 자동차도 이런 다양한 선택 상황에 놓일 가능성이 큽니다. 예컨대 절벽 위에 좁다란 도로에서 갑자기 보행자가 나타난다면 자율주행 자동차는 보행자를 살리기 위해 절벽으로 떨어져 탑승자를 희생해야 할까요? 아니면 그대로 직진하여 보행자를 치고 지나가야 할까요?

자율주행 자동차는 이런 상황에서 스스로 판단하여 선택하도록 알고리즘을 설정해야 합니다. 우선순위를 정하기는 쉽지 않은 문제입니다. 이에 대한 심도 있는 연구와 사회적 합의가 필요합니다. 결국 인공지능의 발전은 인간의 윤리와 철학을 밑바탕으로 하고 있으니까요.

잠깐! 내비게이션은 어떻게 길을 찾을까요?

인공위성은 군사용, 방송 통신용, 우주 관측, 기상 관측을 위해 지구 주위를 돌도록 만든 위성입니다. 현재 지구 고도 2만 200km 상공에는 위치 추적용으로 24개의 인공위성이 돌고 있다고 합니다. 미국이 1970년대 말부터 군사 목적으로 쏘아 올린 것인데 지난 2000년에 민간에서도 이 GPS 위성을 사용하도록 전면 개방하였습니다. 현재 한국 상공에서는 최대 12개 위성과 송수신을 할 수 있습니다. 이 가운데 3개 위성만 사용하면 정확한 자신의 위치값을 알 수 있습니다.

내비게이션은 기본적으로 GPS, 전자 지도, 그리고 장소에 대한 정보를 활용한 알고리즘을 통해 운전자에게 최적의 경로를 알려 줍니다. 이 알고리즘은 도로의 규모, 신호, 회전로와 같은 도로 특성과 운전자의 요구 사항, 그리고 교통 정보들을 통해 목적지로 가는 최적의 경로를 탐색합니다.

그 방법은 지금까지 축적된 많은 양의 교통 상황 데이터 중 현재와 비슷한 과거의 패턴을 찾아내, 그 상황에서 최적의 경로를 찾아내는 것입니다. 이용자에게 알려 준 경로와 이 경로대로 간 이용자가 실제로 걸린 시간을 비교한 뒤 이를 반영해, 시스템 스스로 예측률을 높일 수 있습니다. 빅데이터가 많아질수록 더 정확한 예측이 가능해지는 것입니다.

스마트 농장&스마트 공장 : 미래에는 과연 누가 일하게 될까?

—

〈마션〉 〈써로게이트〉

어딘가에서 작물을 재배할 수 있다면

당신은 그곳을 완전한 식민지로 만든 것이라고 한다.

엄밀히 따지고 보면 나는 화성을 정복한 것이다.

그냥 시작해.

한 가지 문제를 해결하고, 그다음 문제를 해결하고, 그다음 문제도…

이렇게 필요한 만큼 문제를 해결하고 나면 넌 지구로 돌아올 수 있어.

_영화 〈마션〉 중에서

영화 〈마션〉은 화성 버전의 '무인도에서 혼자 살아남기' 이야기입니다. NASA의 아레스 3 탐사대가 화성을 탐사하는 도중에 거센 모래 폭풍을 만납니다. 탐사 일원인 마크 와트니가 사고를 당해 실종되자 탐사대는 그를 찾아 헤매다 결국 마크가 죽었다고 판단하고 화성을 떠납니다.

하지만 마크는 상해를 입고 기절해 있었죠. 흘러내린 피가 구멍난 슈트를 막아 주어 그는 구사일생으로 목숨을 건집니다. 그러나 이미 탐사대는 그를 두고 화성을 떠난 상황이었지요. 홀로 화성에 남게 된 마크는 화성 탐사 기지에서 살아남을 궁리를 합니다. 97년도에 보내진 화성 탐사선 패스파인더를 통해 지구와 통신을 시도하고 남은 식량을 파악합니다.

기지에는 6명이 먹을 수 있는 31일치 식량이 남아 있었습니다. 마크는 이를 혼자 먹으면 일 년 정도는 버틸 수 있다는 계산을 합니다. 하지만 지구에서 화성까지 구하러 오는 데에는 4년이 걸리지요. 다시 말해, 구조대가 올 때까지 마크가 살아남으려면 4년을 버틸 식량이 필요했습니다.

마크는 절망하지 않고 자신의 눈앞에 닥친 문제를 해결할 방법을 강구합니다. 다행스럽게도 마크는 식물학자입니다. 그는 화성의 토양을 파악하고 동료들이 남기고 간 인분을 비료로 활용해 인공 밭을 만듭니다. 그리고 그 밭에 식량으로 가지고 간 감자를 심었습니다. 다음으로 필요한 것이 바로 물이었습니다. 마크는 촉매 반응과 연소 반응을 통해 수소와 산소로 물을 만듭니다. 그 결과, 감자를 수확할 수 있었지요. 이렇게 마크는 살아남는 데 가장 중요한 요소인 식량을 확보할 수 있었습니다.

| 영화 〈마션〉의 한 장면

이러한 식량 문제는 먼 화성에서만 겪는 일이 아닙니다. UN은 2018년 한 해 동안 굶주림에 시달린 인구가 8억 2000명을 넘어섰다고 발표했습니다. 세계자원연구소는 2050년에 필요한 식량이 2006년에 비해 69% 늘어날 것으로 보고 있지요.

우리나라의 상황을 살펴볼까요? 현재 농업 인구는 계속 줄고 있고 경지 면적 또한 감소하고 있습니다. 또 해외로부터 지속적으로 농산물 시장을 개방하도록 요구받고 있지요. 만약 식량자급률이 낮아진다면 세계적인 위기가 닥쳤을 때 우리는 먹거리로 인해 생존을 위협받을 수 있습니다. 따라서 농업의 생산성을 높이고 노동력을 줄일 수 있는 스마트 농장에 관한 관심이 높아지고 있습니다.

스마트 농장(smart farm)은 정보 통신 기술을 활용해 시간과 공간의 제약 없이 원격으로 생육 환경을 관리하고, 최적의 상태로 작물과 축사를 조성하는 과학 기반의 농업 방식입니다.

사물 인터넷 기술을 써서 냉난방, 일사량, 사료와 물 공급, 병충해 관리 등 최적화된 생육 환경을 자동으로 만듭니다. 이를 통해 수확 시기와 수확량을 예측할 뿐만 아니라 품질과 생산량을 한층 높일 수 있습니다.

또 드론, 농업용 로봇, 자율주행 트랙터 등과 같은 ICT 기술을 접목시킨 기기들로 노동력과 에너지를 효율적으로 관리함으로써 생산비를 절감할 수 있습니다. 제품 생산, 가공, 물류, 판매, 소비까지 모든 과정을 파악하고 정보를 관리할 수 있습니다.

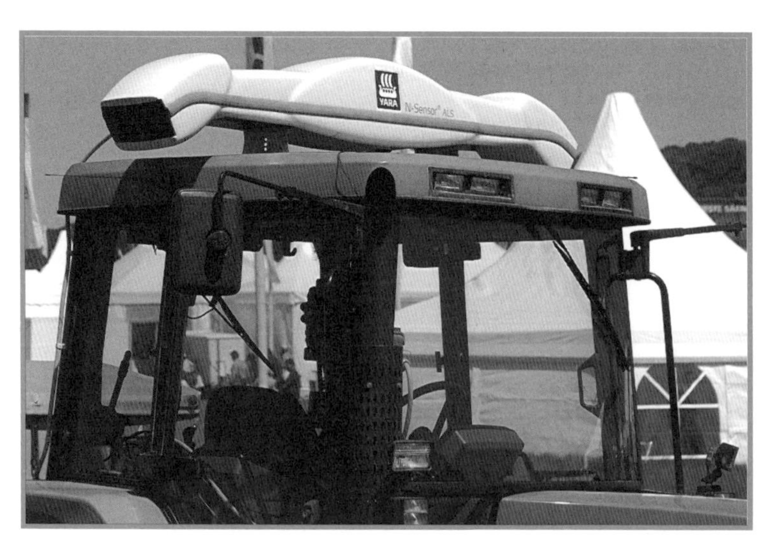

| 트랙터 덮개에 고정된 Yara N-Sensor ALS, 분광 기술로 곡물의 수정에 좋은 조건을 계산해 적절한 비료량을 다르게 조절하는 시스템이다 ©bdk

단계	스마트 농장
1단계	각종 센서 및 폐쇄 회로 TV(CCTV)를 통해 온실 환경을 자동으로 제어하는 수준
2단계	온실 대기, 토양 환경, 작물 스트레스 등을 실시간으로 계측해 적절한 조처를 해주고, 빅데이터 분석으로 의사 결정을 지원하는 단계
3단계	로봇 및 지능형 농기계로 작업을 자동화하고, 작물의 영양 상태를 진단 · 처방하며 최적의 에너지 관리까지 해주는 단계

우리나라는 농림축산식품부와 농업진흥청이 2014년부터 ICT 스마트 농장을 더 많이 만들기 위해 시범 사업을 추진하고 있습니다. 우리나라는 스마트 농장을 3단계로 구분하며 현재 2단계 기술을 적용하고 있습니다. 또 과학기술정보통신부는 '미래 농업은 사람의 경험보다는 데이터의 수집, 분석, 활용을 바탕으로 이뤄진다'는 비전을 정했습니다. 그리고 '미래 스마트팜 기술 개발'이라는 이름으로 빅데이터, 인공지능 기술을 농업에 접목하기 위해 노력하고 있지요.

미래 먹거리를 책임지는 '스마트 농장'에 대한 관심은 다른 나라들도 지대합니다. 네덜란드의 원예 온실 솔루션 기업인 '프리바'는 온실 환경을 작물의 조건에 맞게 유지하는 시스템을 제공합니다. 또한 오랫동안 수집한 데이터를 활용하여 작물을 생육하는 프로그램의 알고리즘을 개선하고, 생산성을 향상하는 컨설팅을 하고 있지요.

미국은 IBM, 구글 등 글로벌 정보통신기업의 기술력을 바탕으로 토질, 수분, 작물 데이터 등을 분석해 비료와 농약을 만드는 인공지능 시스템에 적용하고 있습니다.

아시아에서 가장 스마트 농장 기술이 발전된 일본은 2012년부터 생육 진단 시스템을 스마트 농장에 적극적으로 접목시키고 있습니다. 로봇이 센서를 이용해 정보를 수집하고 LED 패널을 이용해 광합성 기능을 측정하면 디지털 카메라가 작물의 상태와 손상도를 진단합니다. 센서가 물체의 방사열을 측정해 과실이 어디에 있는지 그 위치를 알아냅니다. 이를 바탕으로 가장 적당한 수확 시스템을 마련합니다.

세계적인 농기계 업체인 존디어는 농기계에 달린 다양한 센서를 적극적으로 활용합니다. 센서가 달린 스마트 트랙터는 전국 농지의 기후, 토질, 농작물 발육 등 정보를 수집하여 관리 시스템으로 전송합니다. 존디어는 이렇게 수집한 빅데이터를 바탕으로 다양한 농업 컨설팅을 합니다.

디지털 아테네에 대한 꿈 …스마트 공장

미래의 일은 이제 인간이 아닌 기계의 몫이 될 수도 있지 않을까요? 영화 〈써로게이트〉는 완벽한 외모와 신체 조건을 갖춘 로봇이 인간을 위해 대신 일을 해주는 미래의 모습을 보여 줍니다. 사람들은 뇌파와 신경을 이용해 로봇을 조정하여 모든 생활을 해나가지요.

써로게이트는 장애가 있는 사람을 위해 개발된 인공 의체입니다. 그러나 워낙 편리해서 대부분의 사람들이 사용하고 있지요. 사람들은 옷을 갈아입듯이 다른 모습을 한 남자, 여자, 어린아이의 써로게이트를 선택합니다. 또한 집에서 편안히 누워 로봇을 원격으로 조종해 쇼핑하고 일도 하고 사람들과 만납니다.

이 기술을 통해 사람들은 인종, 성별, 신체적인 장애에서 벗어날 수 있게 됩니다. 모두 평등한 사회가 되고 사고나 전염병, 전쟁의 위험에서 안전해집니다. 하지만 사람들은 점점 방 안에 갇히게 되고 자신의 실제 모습에 대해 열등감을 가지고 숨기려고 합니다. 이 써로게이트 사회는 현재 인터넷과 스마트폰 속에서 익명으로 활동하며 자신을 숨기는 사람들과 흡사해 보이기도 합니다.

만약 현실에서 써로게이트가 있다면 무엇을 대신시키고 싶을까요?

저는 학생 시절에 이런 상상을 많이 했습니다. 나의 분신을 학교로

| 영화 〈써로게이트〉의 한 장면

보내서 나 대신 공부를 하고 시험도 보게 하면 얼마나 좋을까 하고 말이지요. 직장에 다니는 어른이라면 누가 나 대신에 직장에 가서 일을 해주었으면 좋겠다는 꿈을 꿔보기도 할 것입니다.

그런데 써로게이트 사회에서는 이것이 가능합니다. 영화 초반부에 사람 없이 자동으로 로봇을 생산하는 공장의 모습이 나옵니다. 이러한 모습은 바로 '디지털 아테네'에 대한 꿈이기도 하지요. 시민은 정치와 철학, 사회의 주요한 지적 업무를 담당하고, 노예가 육체 노동을 담당하는 고대 아테네 시절처럼, 로봇이라는 노예에게 육체 노동을 시키고 자신은 여가 생활을 하는 세상을 사람들은 꿈꾸고 있습니다.

이러한 꿈의 사회를 향한 시도를 현재 사회적 욕구와 수요가 더욱 앞당기고 있기도 합니다. 과거에는 숙련된 작업자에 의지해 제조업을 운영했지만, 고령화 사회가 되어가고 육체 노동에 대한 기피 현상으로 외국인 노동자들이 그 자리를 차지하고 있습니다.

또 새로운 제품이 나오는 시기가 빨라지고 다양해지면서 대다수를 대상으로 하기보다는 소수의 취향에 맞게 제품을 만들려는 시도가 늘고 있습니다. 이러한 변화에 적응하고자 제조업은 스마트 공장으로 탈바꿈을 하고 있는 상황입니다.

스마트 공장(smart factory)은 무슨 의미일까요? 우리가 정보를 바탕으로 의사 결정을 하듯이 데이터를 기반으로 공장 스스로 똑똑한 의사 결정을 합니다. 스마트 공장은 제품기획, 제조, 유통, 판매 등 제조업의 모든 과정에 정보통신 기술을 적용한 지능형 생산 공장을 말합니다. 공장 내 설비와 기계에 사물 인터넷을 설치하여 데이터를 실시간으로 수집하고, 이를 분석해 스스로 제어할 수 있게 만든 미래의 공장입니다. 스마트 공장의 모든 기계와 시스템은 스스로 학습해, 최적화된 방식으로 작동할 수 있습니다.

스마트 공장이 도입되면 제조 기기 및 부품, 제품 등에 센서를 설치해 전 공정을 모니터링하고 그 데이터들을 전부 모을 수 있습니다. 이를 통해 관리자는 가동 시간이나 설비에 대한 정보를 얻고 생산, 불량, 수명, 고장 등을 관리할 수 있습니다.

스마트 공장의 장점은 다품종 대량 생산은 물론 맞춤형 다품종 소량 생산도 가능하다는 것입니다. 예를 들어 인공지능 기술을 통해 고객마다 체형에 맞춘 셔츠에 원하는 원단, 컬러 같은 부분을 다르게 제작할 수 있습니다.

만약 공장의 제조 과정 중 어느 한 단계에서 부품이 고장을 일으키면 전체 공정이 중단될 수밖에 없습니다. 이때 빅데이터를 기반으로 한 인공지능은 어디에서 불량이 발생했는지, 어떤 기계에 이상 징후가 보이는지 재빠르고 정확하게 파악할 수 있습니다. 이 역시 데이터로 기록되어 어느 부품에서 고장날 가능성이 있는지를 파악하고 미리 조치를 취할 수 있습니다. 이와 같은 정보가 충분히 주어지면 비숙련자들도 사고가 일어나더라도 빠르게 대처할 수 있습니다.

무엇보다 스마트 공장이 지닌 커다란 장점은 바로 안전입니다. 제조 현장에 유해 물질의 누출을 파악하는 센서를 부착하고 설비의 이상 징후를 분석해서 산업 재해를 방지할 수 있습니다.

예를 들어 대형 탱크에 압축 파이프라인을 통해 가스를 공급하는 가스 플랜트의 경우, 탱크 내부의 압력과 온도, 압축기의 과부하, 파이프의 크랙 등에 대한 데이터를 실시간으로 분석합니다. 그 결과, 설비에 이상이 있을 경우에 이를 미리 경보함으로써 대형 사고를 방지할 수 있지요.

독일의 지멘스는 보청기, 병원용 CT, MRI와 같은 영상 장비를 만드는 세계적인 기업입니다. 지멘스는 가장 앞서서 스마트 공장을 구축한 것으로 유명합니다. 독일 암베르크 지멘스 공장에서는 하루에 정보를 오천 만 건 수집한다고 합니다. 그 정보들을 바탕으로 각 제조 공정에 자동으로 실시간 작업을 지시합니다.

그 결과, 지멘스의 암베르크 공장에서는 1000종이 넘는 제품을 연 1200만 개 이상 생산해 내는데도, 불량품 발생률은 0.0009%(100만 개 중 9개 결함)에 불과합니다. 또 한 라인에서 여러 제품을 생산할 수 있고 기존 공장에 비해 에너지 소비량도 30% 줄었습니다. 사람을 더 쓰지 않았는데도 생산량도 8배 가까이 늘었다고 합니다.

미국 GE사의 공장은 공장 시설과 컴퓨터가 사물인터넷(IoT)를 통해 실시간으로 정보를 공유합니다. 이를 통해 품질을 유지하고 돌발적인 가동 중지를 예방하는 의사결정을 인공지능이 직접 내린다고 합니다. 그로 인해 GE는 전체 연료비의 1.5%인 1500만 달러를 절약할 수 있었지요.

GE는 스마트 공장을 이용해 서비스 형태도 바꾸고 있습니다. 예를 들면, 항공기 엔진이나 발전기 터빈 등에 센서를 달고 데이터를 수집해 정비와 보수 시기를 알려 주거나 효율을 향상시킬 새로운 방법을 알려 줍니다.

이처럼 산업 현장에서 데이터가 활발히 활용될수록 인간이 직접 일하는 영역은 줄어들게 될 것입니다. 미래에는 고대 아테네처럼 로봇이 일하고 사람들은 정치, 사회, 문화 활동만 하는 세상이 될까요? 아니면 로봇에게 일자리를 잃고 빈곤층이 되어 어렵게 살아가는 세상이 될까요? 이제 일에 대한 시각을 다르게 보고 접근해야 하는 때가 머지않았습니다. 분명하게 알 수 있는 사실은 과거와 같은 방식으로 '일'이 정의되지는 않을 거라는 것입니다.

chapter 03

빅데이터 보는 눈을
키우는 방법
우리가
궁금해하는
것은
대부분
보이지 않는
세계에 있다

우리는 어떻게 지식을 쌓으며 살아왔을까요? 일본 심리학자인 고이치 오노는 이런 실험을 했습니다. 스무 명의 참가자들에게 레버 세 개와 표시판이 준비된 작은 방에 들어가서 점수를 올려야 한다고 얘기를 합니다. 참가자들은 각각 다양한 방법으로 레버 세 개를 작동해 보았습니다. 그러면 신호음이 울리고 불빛이 들어오면서 표시판에 점수가 올라갑니다. 참가자들은 어떻게 하면 점수를 올릴 수 있는지 나름대로 이론을 세워 나갔습니다. 자신이 특정한 행위를 했을 때 점수가 올라가면 그 행동을 반복적으로 했습니다. 그런데 사실 점수는 시간이 지나면 자동으로 올라가는 것이었고 참가자들의 행동과는 무관했습니다. 하지만 참가자들은 자신의 어떤 특정 행위로 인하여 점수가 올라갔다고 생각하고 계속 그 행동을 반복했지요.

이러한 패턴 인식 능력은 사람만이 지닌 특징이 아닙니다. 미국 심리학자 벌허스 프레더릭 스키너는 고이치 오노와 비슷한 실험을 했습니다. 다른 점이라면 비둘기를 대상으로 했다는 것이지요.

우리 안에 비둘기들과 먹이를 주는 기계를 함께 넣었습니다. 비둘기들은 먹이를 찾아 이리저리 돌아다니다가 갑자기 먹이가 나오면 이렇게 먹이를 찾은 결과를 자신의 행동과 연관 지었습니다. 이처럼 패턴을 찾으려는 노력은 생존을 위해 발달한 능력입니다.

피카소는 "당신들은 보고 있지만 보고 있는 게 아니다. 그저 보지만 말고 생각하라. 표면적인 것 배후에 숨어 있는 놀라운 속성을 찾아라. 눈이 아니고 마음으로 보라"고 말했습니다. 이렇게 우리는 삶의 모든 것에서 패턴을 인식하고 맥락을 찾아내려고 노력합니다. 그래야만 현재 일어난 그 사건이 발생한 과정을 이해할 수 있고 미래를 대비할 수 있기 때문입니다. 우리가 빅데이터에 주목하는 것 역시 우리 뇌가 생존을 위해 기울인 노력의 연장선에 있습니다. 우리 뇌는 아주 오랫동안 흩어져 있는 정보 속에서 살아남기 위한 규칙을 끊임없이 찾아왔으니까요.

데이터 기반 사고는 무엇일까?

—

〈메멘토〉 〈월드워Z〉

경찰들은 뭔가를 기억한다고 해서 살인범을 잡지는 않아.

사실을 수집하고 기록하여 결론을 내리지.

범인을 잡는 건 사실 때문이지 기억이 아니야.

_영화 〈메멘토〉에서

대자연은 가장 뛰어나고 창의적인 연쇄 살인범과 같아.

하지만 다른 연쇄 살인범들처럼 잡히고 싶은 충동을 피할 수 없지.

아무리 훌륭한 범죄도 알아주는 이가 없다면 아무 소용이 없거든.

그래서 부스러기를 남기지.

이 부스러기에서 단서를 찾기 위해 학교를 십 년이나 다니는 거야.

_영화 〈월드워Z〉에서

데이터 시대에 우리는 어떤 방식으로 생각하고 문제를 바라봐야 할까요? 이 두 영화를 살펴보며 생각해 보려고 합니다. 영화 〈메멘토〉는 기억에 의존한 인간의 오류를 그리고 있고, 영화 〈월드워Z〉는 관찰을 통하여 인류를 위협하는 문제를 해결하는 모습을 보여 줍니다.

영화 〈메멘토〉는 기억을 10분 이상 지속시키지 못하는 단기 기억 상실증 환자에 관한 이야기입니다. '메멘토'는 사람이나 장소를 기억하기 위한 기념품이라는 뜻입니다. 주인공 레너드가 기억하는 것은 아내가 마지막으로 죽어 가는 모습이죠. 그 충격으로 그는 10분 정도만 기억을 유지합니다.

아내가 죽은 뒤 레너드에게 있어 삶의 목표는 아내를 죽인 범인을 잡는 것입니다. 레너드는 범인을 잡기 위해 그만의 방법을 개발합니다. 항상 폴라로이드 사진을 가지고 다니면서 사진을 찍고 거기에 메모해 두고 절대 잊지 말아야 할 것은 몸에 문신으로 새겨 놓습니다.

레너드가 그렇게 범인을 찾아 헤매는 것은 자신의 마지막 기억이 확실하다는 믿음에서 출발합니다. 하지만 영화가 진행될수록 정말 레너드의 아내는 살해당한 것이 맞는지, 그의 기억이 옳은 것인지, 그 기록들이 사실인지 점점 의심스러워집니다.

레너드는 다른 사람들이 자신을 이용하는 것을 두려워하지만 자신의 기억마저 변조되고 있음을 스스로는 알지 못합니다. 시간이 갈수록 관객들은 점점 레너드의 사진과 기록들이 스스로 조작한 것이 아닌지 의심이 들기 시작합니다. 거짓으로 기록한다 해도 10분 뒤 레너드에게는 그것이 진실이 되어 버리기 때문이죠.

| 영화 〈메멘토〉의 한 장면

이런 기억의 부정확함은 영화 속 레너드만 겪는 어려움은 아닙니다. 우리는 보고 경험한 것을 절대적인 지식으로 신봉합니다. 하지만 사람들은 자신이 경험한 것이나 얻은 지식을 일부만 기억하고, 대부분은 망각합니다. 설사 기억한다 해도 인간의 기억만큼 불확실한 것도 없습니다. 무언가를 인식하는 순간, 그때의 심리나 환경의 영향을 많이 받기 때문이죠.

'보이지 않는 고릴라'라는 실험이 있습니다. 이 실험은 사람들에게 영상을 보여 주며 흰옷을 입은 사람이 농구공을 몇 번 패스하는지 맞춰 보라고 주문합니다. 영상이 끝나면 사람들은 저마다 몇 번 패스했는지 얘기합니다. 그런데 질문자는 이 영상 중간에 고릴라가 나오는 것을 보았느냐고 물어봅니다. 그러자 정말 많은 사람들이 영상 중간에 나오는 고릴라를 보지 못했다고 대답합니다. 다시 영상을 보여 주면 그제야 중간에 고릴라가 나와서 커다란 동작을 하고 지나가는 장면을 발견하고 놀라워합니다.

이 실험은 우리의 기억이나 인식이 얼마나 불완전한지를 보여 줍니다. 그렇기 때문에 우리는 예전부터 중요한 사항이나 기억해야 할 것은 노트에 기록해 두었습니다. 그리고 필요할 때마다 그 기록을 활용하였지요.

데이터 기반 사고의 기본 요건 - 기록 · 관찰 · 측정

데이터 기반 사고는 데이터를 수집 · 분석하고 이를 해석하여 개념화시키는 사고의 과정을 말합니다. 이러한 사고방식은 우리가 쉽게 저지르는 기억의 실수와 편향들로부터 정보를 지켜 내며 더 나은 판단을 하도록 이끌어 줍니다. 실제로 위대한 일을 한 사람들은 대부분 데이터의 밑바탕이 되는 기록을 중요시했습니다.

레오나르도 다 빈치는 30년 동안 메모를 수천 장 남겼다고 합니다. 아이작 뉴턴 역시 메모광이었다고 하죠. 이순신 장군도 난중일기 여백에 병법이나 전쟁 자금에 대한 회계 내용을 적어 놓을 정도로 기록을 중요시했습니다.

기록은 생각과 지식을 발전시킬 근거와 단계를 만들어 주고, 문제 해결에 결정적인 역할을 합니다. 기록을 통한 지식의 발달은 인쇄술을 통한 발달로도 확인해 볼 수 있습니다. 지식은 인쇄 기술을 만나 대량으로 복제되어 더 드넓은 세상으로 퍼져 나갈 수 있게 됩니다.

그리고 이러한 기록은 4차 산업혁명 시대에서는 다른 이름을 얻게 됩니다. 바로 '빅데이터'입니다. 우리는 생활하는 과정에서 무수한 디지털 기록 즉 데이터를 남깁니다. 우리가 이동하는 과정에서 위치 데이터를 남기고, 물건을 사는 과정에서 물품, 수량, 시간대, 구매처, 구매 수단, 구매자 정보를 남깁니다.

그리고 과거 기록이 그랬듯, 이런 데이터들은 생각과 지식을 발전시킬 재료가 되어 우리가 쉽게 망각하거나 편견으로 오류를 범할 수 있는 영역에서 새로운 해답을 찾게 해줄 것입니다.

또 다른 영화 〈월드워Z〉를 살펴볼까요? 영화 〈월드워Z〉에서는 전 세계에 좀비 바이러스가 퍼져 사람들을 공격합니다. UN 소속 조사관 제리는 인류의 대재앙을 막기 위해서 투입됩니다. 좀비들이 습격해 오는 위급한 상황에서 제리는 흥미 있는 행동을 합니다. 다들 도망가기 바쁜데 그는 시계를 들여다보며 좀비에 물린 사람이 좀비로 변화되는 시간을 체크합니다. 인간이 좀비로 변화는 시간은 단 12초….

목숨이 경각에 달린 상황에서 도망가지 않고 도리어 시계나 들여다보는 모습이 어이없게 보일 수도 있지만, 사실 그는 생존에 필요한 정보를 수집하는 중이었습니다. 이 정보는 꽤 유용하게 쓰이게 됩니다. 나중에 제리가 좀비를 피하는 과정에서 입 안에 피가 튀었을 때 좀비로 변하는 지 12초를 체크해 보고 좀비로 변하지 않자 무사하다는 사실을 확인하고는 마음을 놓게 됩니다. 이렇듯 두려움은 상대방에 대해서 아무것도 모를 때 생겨나는 것입니다.

영화 속에서 좀비의 최초 발원지는 한국으로 나옵니다. 한국에 있는 미국 기지 평택을 조사하여 백신에 대한 정보를 얻어 다시 이스라엘로 가죠. 이스라엘은 병이 발생하기 전에 큰 성벽을 세워 좀비들의 침입을 막아 내고 있었습니다. 이스라엘에 가서 좀비 발생 원인을 찾으려 하지만 거대한 벽을 타고 넘어오는 좀비들에 의해 성마저도 함락되고 맙니다.

좀비들이 몰려드는 혼란한 상황에도 제리는 또다시 좀비들이 공격하는 모습을 관찰합니다. 특이하게도 좀비들이 무차별적으로 사람을 공격하지 않고 오히려 피하는 사람이 있다는 것을 파악합니다. 좀비들은 허약한 노인이나 병에 걸린 아이는 공격하지 않고 오히려 이들을 피해 달리고 있었습니다. 제리는 이런 현상을 통해 좀비 바이러스는 건강한 사람들만 골라 공격하고 다른 병에 감염되었거나 쇠약한 사람은 공격하지 않는다는 것을 알아냅니다. 이를 이용해 좀비 바이러스를 막아 낼 백신을 만들어 인류를 구하게 됩니다. 좀비로부터 인류를 구한 것은 강력한 무기나 군대가 아니었습니다. 좀비들을 잘 관찰하고 그 안에서 힌트를 얻은 것입니다.

경영학의 아버지라 불리는 피터 드러커는 "측정할 수 없다면 개선할 수 없다"라는 말을 하며 측정하고 이를 데이터로 관리하는 것에 대한 중요성을 강조했습니다. 우리가 사는 세상, 현상, 자연은 대부분 불가산명사입니다. 이 자연 현상을 숫자로 표현하는 것이 가능해지면서 기준을 정할 수 있고, 비교할 수 있고, 계산할 수 있게 된 것입니다. 이렇게 자연의 상태를 숫자로 표현한다는 것은 굉장히 중요한 사고의 전환이 되어 주었습니다. 그럼으로써 우리는 해결이 불가능하다 여겼던 과거의 문제들을 해결할 수 있게 되었기 때문입니다.

| 피터 드러커 ⓒJeff McNeill https://www.flickr.com/photos/jeffmcneill/5789354451/in/photostream

빅데이터를 통해 얻은 단서에 비판적인 시각을 가져야 한다

정보통신 기술이 발달하면서 생각의 근거가 되는 데이터가 생산되는 영역이 확장되었습니다. 양질의 데이터를 확보할 수 있는 환경이 되어 가면서 귀납적인 추론을 바탕으로 한 데이터 사고는 더욱 중요해지고 있습니다.

주어진 개개의 사실, 데이터를 모아 거기서 일반적인 성질 · 규칙을 도출하는 방법을 귀납적 추론이라고 합니다. 귀납적 추론 방법은 영국의 철학자 프랜시스 베이컨이 주장한 과학적 접근 방법입니다. 그는 과학을 하려면 모든 선입관을 버리고 직접 경험해서 얻은 관측 사실에서 시작하여 그것을 일반화하여 이론을 만들어야 한다고 주장하였습니다. 즉 지식은 책상에 앉아 관념적으로 만들어 내는 것이 아니라 실제로 실험하고 관찰하는 과학을 통해 완성해 나가는 것이라는 얘기입니다.

이렇게 귀납법은 탐구한 객관적인 자료로부터 일반적인 사실이나 원리를 끌어내는 방법으로 실험 과학에서 유용합니다. 따라서 이론을 새롭게 발견하거나 체계화시키는 방법론으로 많이 활용됩니다. 하지만 귀납적 추론도 완벽하고 객관적인 지식을 가져다주는 것은 아닙니다. 인간의 관측 자체가 불완전하고 감각이 현실에 대한 정보를 그대로 전해 준다고 보기는 힘들기 때문입니다.

영국 철학자 버트런드 러셀은 이러한 귀납의 문제를 닭 이야기를 통해 지적했죠. 어느 농장에 영리한 닭이 한 마리 있었습니다. 이 닭은 농부가 매일 아침 자신에게 다가와 모이를 주는 것을 관찰을 통해 알아냈죠. 1년이 지나도 농부는 늘 똑같은 행동을 하자 닭은 다음과 같이 결론을 내렸습니다.

'농부는 매일 아침 닭장으로 찾아와 모이를 준다.'

다음 날 아침, 농부는 닭장으로 다가왔습니다. 닭은 당연히 농부가 모이를 줄 거라고 생각해 반겼지요. 하지만 농부는 그대로 닭 모가지를 비틀어 잡아 버렸답니다.

이렇듯 경험과 관찰을 기반으로 한 귀납적 지식은 그 오류가 발견되는 즉시 지식의 수명을 다해 버리는 위험성을 안고 있습니다. 신문기사에서 신뢰 수준 98%, 표본 오차 ±2.5%라는 표현이 자주 나옵니다. 통계학은 이러한 측정과 관찰의 결과를 어느 정도 믿을 수 있는가를 알려 주는 방법론입니다.

이런 경험 지식의 위험성을 예방하는 방법은 없을까요? 먼저 그 원인이나 이유를 살펴보는 것입니다. 닭은 왜 농부가 매일 먹이를 주는가에 대해서 고민해 보았어야 했지요. 왜 하늘을 날고 있는 비둘기에게는 농부가 먹이를 주지 않는지에 대한 질문이 필요합니다. 바로 연역적 접근 방식입니다.

연역적 방법은 연구자가 미리 결과에 대해서 예언하고 이를 검증하는 방식을 통해 사실을 이끌어 냅니다. 따라서 연역법은 가설 설정과 같은 이론 과학에서 유용하며 이론을 검증하는 방법론입니다. 반면에 연역법의 단점은 진리로부터 어떤 사실을 추론하는 것으로 지식의 확장이 어렵고 관념적인 정의에 빠지기 쉽다는 걸 들 수 있습니다.

다양한 데이터들을 얻을 수 있게 되면서 우리는 더 많은 단서를 얻게 되었습니다. 이 단서들을 우리는 다양한 방식으로 바라봐야만 합니다. 다시 말해 빅데이터의 시대가 열리면서 동시에 비판적 생각에 관한 중요도도 높아지고 있는 것입니다. 우리가 과학과 철학을 함께 봐야 하는 이유입니다. 경험적 사고, 관념적 사고로 함께 접근하면서 오류를 찾아내어야만 더 정확한 문제 해결에 다다를 수 있게 될 것입니다.

우리가 가볼 수 없는 저 우주에 대한 지식은

새로운 지식은 인간의 한계를 극복할 수 있는 도구의 발명으로 얻게 되기도 합니다.

지금도 많은 과학자가 우주를 바라보며 외계인이 살고 있을 조건을 갖춘 행성을 찾고, 블랙홀과 같은 우주의 신비에 대해서 알아가고 있습니다. 이렇게 우주나 외계인에 관해 관심을 가질 수 있게 된 건 지구 밖을 볼 수 있는 망원경의 발명 덕분입니다. 우주 먼 곳에서 오는 빛은 지구에 오면서 대기에 부딪히며 굴절을 일으키는데 이런 굴절의 차이가 별을 빛나 보이게 합니다. 망원경이 없다면 단순히 빛나는 별이나 달만이 세상의 전부인 줄 알고 있을 겁니다. 그럼 어떻게 망원경으로 외계 생물이 있을 것 같은 행성이나 블랙홀에 대해서 알아낼 수 있을까요.

| 디스커버리 우주왕복선에서 바라본 허블 우주 망원경

기술이 발달하면서 적외선 망원경, 자외선 망원경, X선 망원경, 감마선 망원경, 전파 망원경 등이 개발되었습니다. 이 망원경들로 블랙홀도 관찰할 수 있게 되었습니다. 블랙홀 주변에서는 가스와 먼지 등이 마찰을 일으키면서 X선 · 빛 · 전파 등이 방출됩니다. 블랙홀 주변부에서 발생한 빛과 전파는 블랙홀의 강한 중력 때문에 휘어지게 되지요. 이 휘어진 빛을 통해 블랙홀의 윤곽을 관찰할 수 있는 것입니다.

우리는 우주의 X선, 빛, 전파 등을 살펴서 우주가 어떻게 생겼고 무엇으로 구성되어 있고, 어떻게 움직이는지 파악할 수 있는 것입니다. 블랙홀까지 가는 우주선을 만들지 못해도 이런 정보들을 통해 다양한 사실을 알아낼 수 있습니다.

빅데이터는 너에 대해 모두 알고 있다

—

〈서치〉

"최근에 내 딸 마고가 이상한 행동을 하지 않았니?"

"네, 텀블러를 많이 사용했어요."

"뭐? 텀블러가 뭔데?"

나는 내 딸에 대해서 아는 것이 없다.

_영화 〈서치〉 중에서

갑자기 주변에 있던 사람이 사라졌고, 경찰조차 찾기 힘들어한다면 여러분은 그 사람을 어떻게 찾을 수 있을까요? 영화 〈서치〉는 갑자기 사라져 버린 딸을 찾는 아버지의 이야기입니다. 데이빗은 아내가 암으로 세상을 떠나고 딸과 단둘이 살고 있습니다. 그러던 어느 목요

일 밤에 부재중 전화 세 통을 남기고 딸은 사라져 버렸습니다.

데이빗은 그동안 딸에 대해서 가장 잘 알고 있다고 생각했지만 이런 상황이 오니 자신은 딸에 대해서 너무도 몰랐음을 알게 됩니다. 막막해하는 데이빗에게 딸의 노트북이 눈에 띄지요.

데이빗은 딸의 노트북 안에 담겨 있던 보고서 파일, 인터넷 기록, 메일, 채팅, 영상, 방송 기록을 살피면서 딸의 삶을 추적해 나갑니다. 그 기록들을 통해 데이빗은 자신에게 내색하지는 않았지만 딸이 아직 엄마를 못 잊고 힘들어하며 친구도 없이 외톨이로 온라인에서만 자신의 속마음을 내보이며 생활하고 있었다는 것을 알게 되지요.

영화는 100분 동안 스마트폰 카메라와 노트북 카메라, CCTV 화면, 대화 기록들만 보여 줍니다. 데이빗은 이런 온라인 흔적들을 찾아 딸의 친구들을 만나고 딸의 생활을 하나하나 이해하게 됩니다. 그

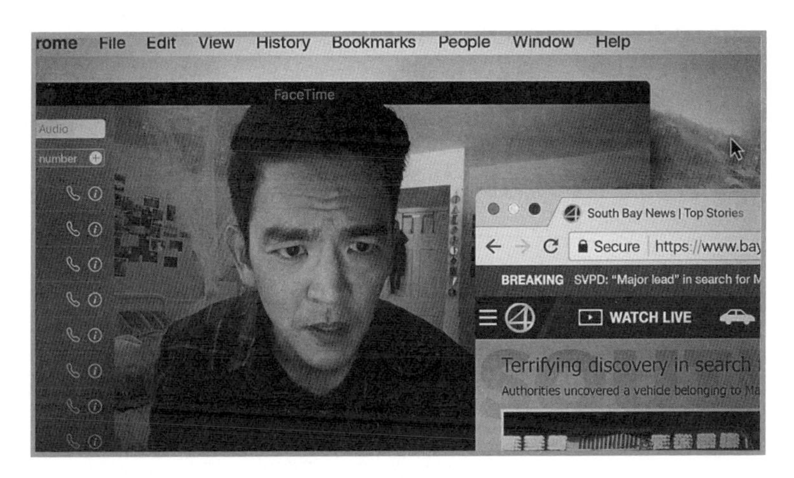

| 영화 〈서치〉의 한 장면

러던 중 경찰에게서 CCTV에서 딸의 마지막 행적을 찾았다는 연락을 받습니다. 데이빗은 CCTV에 나오는 길이 딸이 고민이 있을 때마다 찾아가던 호수로 가는 길임을 알아냅니다. 그리고 그 호수에서 딸을 찾을 단서를 발견합니다.

우리는 온라인에 얼마나 머물고 있을까?

우리는 시간이 날 때마다 휴대전화를 들여다보며 생활합니다. 심지어 걸어가면서도 휴대전화를 들여다봅니다. 그렇기 때문에 이렇게 온라인 흔적을 쫓아 실종된 딸의 행방을 추적하는 영화 내용이 전혀 낯설지가 않습니다. 온라인에는 어떤 흔적이 남아 있을까요?

운전하기 전 내비게이션에 목적지를 입력하고, 신용 카드로 쇼핑하고, 커피를 마시며 쉬는 동안 친구들과 채팅을 하고, 전화 통화를 하고 문자를 주고받고, 블로그에 글을 올립니다. 이러한 행동은 자신이 방문한 장소, 통화한 위치와 시간, 대화 기록, 사진, 이메일, 시청한 영상, 사용한 카드, 주고받은 문자, 검색한 기록, 구매 이력과 같은 흔적을 남기지요.

안드로이드 운영체계의 스마트폰을 쓰고 있다면 구글맵을 열고 타임라인이라는 메뉴를 클릭해 봅시다. 도보, 지하철, 운전을 해서 몇 분 동안 이동했고 그 장소에서 얼마 동안 머물렀는지가 기록되어 있습니다. 오른쪽 위에 달력을 클릭하여 원하는 날짜를 선택해 보면 그날 언제 어디로 이동했고, 거기서 얼마 동안 머물러 있었는지도 볼 수 있습니다.

이제 구글 계정에 있는 '데이터 및 맞춤 설정'을 클릭해 봅시다. 언제 어떤 앱을 얼마 동안 사용하고 어떤 검색을 하고 어떤 유튜브를 시청했는지 기록되어 있습니다.

분명한 것은 구글은 여러분에 대해서 여러분보다 더 잘 알고 있다는 것입니다. 당신의 집이 어디이고 무슨 뉴스를 보고 어디로 움직이는지 그리고 인터넷으로 무엇을 검색하고 무엇을 좋아하는지 다 파악이 가능합니다. 아마도 우리가 실제 만나는 사람들보다 구글과 더 많은 시간을 보내고 있을 것입니다. 그렇다 보니 온라인에서 남긴 데이터가 의도치 않게 현실 속 나보다 더 진실한 모습을 보이는 경우가 심심치 않게 있습니다.

미국의 대형 마트인 '타깃'에 한 남성이 화가 나서 찾아왔다고 합니다. 그는 한 여고생의 아버지였는데 타깃에서 딸에게 임산부용 쿠폰을 보냈다고 항의하러 온 것입니다. 이에 매장 직원들은 정중히 사과를 하고 그를 돌려보냈는데, 나중에 그 아버지에게서 미안하다는 연락이 왔다고 합니다. 알고 보니 딸이 실제로 임신 3개월째였던 것이지요.

부모도 몰랐던 임신 사실을 대형 마트가 먼저 알아채고 할인 쿠폰을 보낸 것입니다. 이런 일은 대형 마트의 빅데이터 팀이 고객 구매 형태를 분석한 결과로 일어난 것입니다.

예를 들어 한 여성 고객이 갑자기 튼살 방지 크림과 임산부용 속옷 등을 구매하거나 향이 나는 로션을 사던 여성이 향이 없는 로션으로

빅데이터는 현실에서 보이는 내 모습보다 더 정확하게
우리 자신에 대해 알려 줄지 모릅니다.

바꾸거나 평소 사지 않던 미네랄 영양제를 갑자기 사들이는 경우, 그 고객이 임신했을 가능성이 크다고 판단하는 것입니다. 이런 구매 이력을 분석하면 임신 몇 개월인지까지도 추측할 수 있습니다.

코로나 확진자 추적을 통해 코로나 감염 사태를 해결하다

영화 〈서치〉에서 데이터를 이용해 딸을 찾아가는 것처럼 2020년에 데이터로 사람을 추적하는 일이 전 세계적으로 일어나게 됩니다. 바로 전염병인 코로나19 때문입니다.

우리나라는 발 빠르게 빅데이터를 활용해 코로나19 확진자의 동선을 추적하고 관련 정보를 대중에게 공개함으로써 코로나 확산을 효과적으로 막았습니다. 많은 나라가 코로나 방역에 실패하면서 한국의 대처 방법에 대해 지대한 관심을 가졌지요.

우리나라는 내비게이션 정보, 신용카드, 대중 교통카드, CCTV 정보를 수집해 코로나 역학조사 시스템을 구축했습니다. 이 시스템을 활용하면 10분 만에 확진자의 동선을 파악할 수 있다고 합니다. 어떻게 확진자의 동선을 파악할까요?

내비게이션 데이터를 이용하면 개별 차량의 이동 궤적, 각 도로 구간의 평균 속도와 교통량을 추정할 수 있습니다. 또 국민 대부분이 소유하는 스마트폰을 통해 위치 데이터를 얻어 이동 궤적, 체류 시간을 파악할 수 있다고 합니다.

대중 교통카드에서는 승·하차 태그 정보와 역사, 정류장, 나이, 성별 등 다양한 속성 정보를 수집하고, CCTV에서는 마스크 착용 여부, 동행자 유무, 버스나 택시 등 이동 수단 및 노선 번호와 같은 정보를 얻을 수 있습니다.

이렇게 빅데이터를 활용하여 개별 통행에 대한 이동 경로, 이용 수단, 통행 목적 등 다양한 정보를 파악하게 됩니다. 이를 통해 바이러스 감염자의 통행 이력과 접촉자들을 신속하게 파악하고 감염 가능성이 큰 집단을 집중적으로 검사함으로써 효율적인 대처가 가능했던 것입니다.

하지만 초기에는 이런 확진자의 동선을 공개하는 것에 대한 논란이 있었습니다. 이동 경로를 알리는 과정에서 신상 정보가 유출되는 경우도 생기고, 코로나 확진자에 대한 악성 댓글이 달리면서 이 때문에 힘들어하는 사람도 생겨났습니다. 프랑스에서는 한국의 감염자 동선 공개가 인권 침해라며 비판하기도 했습니다. 하지만 곧 프랑스에서도 코로나19 감염자가 수만 명으로 늘어나자 이동과 여행을 전면 금지하고 한국의 방역 방식을 연구했다고 하네요.

우리나라가 이렇게 감염 초기 단계부터 확진자의 동선을 공개한 이유는 2015년에 발생한 메르스(MERS, 중동호흡기증후군) 사태 때문이었습니다. 당시 메르스 확진자가 머물렀던 병원과 발생 지역에 대한 정보를 공개하지 않아 감염이 늘면서 조속히 대처하기가 어려웠습니다.

이런 경험을 바탕으로 우리나라는 감염병 환자의 이동 경로, 이동 수단, 접촉자 현황 등을 신속히 공개하라는 조항(감염병예방법 제34조의2)이 신설되었고 이에 따라 감염병 환자는 물론이고 감염이 우려되는 사람의 휴대 전화 위치 추적이 본인의 동의 없이도 가능했던 것입니다.

코로나19 사태는 빅데이터의 유용성과 이에 대한 정보 보호에 대한 문제에 대해서 깊이 생각해 보는 계기가 되었습니다. 개인 정보를 무조건 보호하기보다 과감하게 활용하는 방법을 연구하되 정보 보호를 구체적으로 해나갈 필요성이 높아지고 있습니다.

데이터 활용이 높아지면서 필요해지는 정보 보호

영화 〈서치〉에서 그려진 것처럼 온라인상에는 우리 자신의 흔적이 많이 있습니다. 이러한 사실을 놓고 보면 우리는 불안할 수밖에 없습니다. 빅데이터 활용도가 높아지고 금전적인 가치도 커지고 있으므로 이런 정보가 잘못 사용되어 사생활 침해나 범죄에 이용될 가능성 또한 높아지고 있기 때문입니다.

개인 정보 보호와 데이터 활용성은 언제나 동전의 양면처럼 빅데이터의 두 얼굴을 보여 줍니다. 개인 정보 보호를 강조하면 데이터의 활용성이 낮아질 수밖에 없고, 데이터 활용성을 강조하다 보면 정보 보호 침해 가능성이 커질 수밖에 없습니다.

지금 데이터베이스 안에는 누군가를 바로 알 수 있는 주민등록번호, 의료보험번호, 의료 정보가 있고, 출입을 위해 등록한 지문과 홍

채 정보 같은 민감한 자료가 많이 있습니다. 따라서 이런 정보들을 보호할 수 있는 기술을 개발해야 할 필요성이 점점 늘고 있습니다.

이에 데이터 활용성을 유지하면서 개인 정보를 보호할 수 있는 비식별화 데이터를 개발하고 있습니다. '비식별화 데이터'는 개인을 식별할 수 있는 요소를 전부 또는 일부 삭제하거나 대체하는 방법으로 가공한 정보입니다. 즉 민감한 데이터 정보를 일부 삭제하거나, 가명처리 혹은 그룹으로 묶어 동일한 값을 주거나, 다른 값으로 대체하는 방법을 사용하여 정보 노출의 위험성을 줄이는 방법입니다. 이렇게 데이터에 잡음을 주어 특정 개인의 정보를 파악할 수 없도록 하는 것입니다.

그러나 비식별화 조치를 해도 데이터를 연결하고 분석하는 과정에서 재식별화되기도 합니다. '재식별화'는 비식별화된 정보를 조합하고 분석하는 과정에서 개인 정보가 재생성되는 것을 의미합니다. 개인 정보를 삭제했는데 재식별화되어 문제가 된 사례가 생기고 있어서 이에 대한 주의가 요구되고 있습니다.

1997년 미국 매사추세츠 주는 연구 목적으로 이름, 주소, 사회보장번호 등을 제거한 비식별화된 주 정부 소속 공무원의 병원 진료 기록을 공개했습니다. 그런데 어떤 연구자가 비식별화한 진료 기록을 케임브리지 시 선거인 명부와 비교 분석해 개인의 거주지와 우편번호, 의료 정보를 알아내었다고 합니다.

2006년 미국 넷플릭스는 더 정확한 영화 추천 알고리즘을 만들기 위해 아이디어 경연 대회를 열었습니다. 아이디어를 돕기 위해 50만

명 이용자들이 6년 동안 영화를 평가한 자료 1억 건을 공개했는데 이때 이름 등 개인을 알아볼 요소는 지우고 평가 점수와 일시는 공개했습니다. 텍사스대학교 연구팀이 이 정보를 분석해 온라인 영화 전문 사이트에 올라온 영화 평가와 넷플릭스의 데이터를 결합하여 개인을 재식별해 냈습니다. 이런 위험성 때문에 2차 경연 대회는 취소했다고 하네요.

2006년 미국 AOL(아메리카 온라인) 학술 연구를 위해 65만 명의 석 달치 검색 로그 자료 2천만 건을 공개했습니다. 개인을 식별할 수 있는 ID와 IP 주소는 비식별화했지만 뉴욕타임스 기자 2명이 개인 식별에 성공하면서 검색 로그를 공개한 지 일주일 만에 데이터 공개를 중지했다고 합니다.

이처럼 재식별화 사례가 끊이지 않고 있어 개인 정보를 보호하기 위한 기술이 더 정교해져야만 안심하고 비식별화 데이터를 활용할 수 있게 될 것입니다. 정보 보호 문제에 모두 관심을 갖고 디지털상의 인권에 대한 인식이 더욱 필요해지는 이유입니다.

빅데이터는
보이지 않는 세계를 '그려 준다'

—

〈디터람스〉

인간을 이해하지 못하면 좋은 디자인을 이해할 수 없습니다.

_영화 〈디터람스〉 중에서

스티브 잡스는 애플 제품을 디자인할 때 새롭고 우수한 기능을 붙이기보다는 불필요한 요소를 없애고 필요한 것을 부각시키는 단순한 디자인을 선호했습니다. 이런 애플의 디자인에 영향을 준 디자이너가 바로 독일의 디터람스라고 합니다.

다큐멘터리 영화 〈디터람스〉의 주인공이기도 한 디터람스는 독일의 가전제품 회사 브라운의 산업 디자이너로 514개의 제품을 디자인했습니다.

많은 이들에게 알려진 그의 유명한 디자인 철학은 "Less but Better

(적지만 더 나은 디자인)"입니다. 이 말은 좋은 디자인은 단순히 아름다운 것이 아니라 사물의 본질을 담아내고 군더더기가 없이 단순하면서도 기능을 잃지 않아야 한다는 의미입니다. 디터람스는 좋은 디자인이 가져야 할 열 가지 조건을 말했는데 그중 몇 가지를 소개해 봅니다.

"좋은 디자인은 제품의 유용성을 높인다." 우리는 제품이 '필요해서' 구입합니다. 따라서 디자인의 가장 중요한 임무는 제품의 효용성을 최적화하는 것입니다. 즉 제품의 필요성에 방해되는 모든 것을 무시해야 합니다.

"좋은 디자인은 우리가 제품을 이해하기 쉽게 하고 제품의 구조를 명료하게 보여 준다." 좋은 디자인 제품에는 설명서가 필요하지 않습니다. 제품은 스스로 자신이 어떤 기능을 가졌는지 드러내야 합니다.

"좋은 디자인은 정직하다." 제품을 실제보다 더 혁신적이고, 더 강력하고, 더 가치 있게 보이도록 하지 않습니다. 화려한 포장으로 구매자를 속이려 하지 않습니다.

놀랍게도 위의 좋은 디자인의 조건은 데이터에도 고스란히 적용됩니다. 어떻게 적용이 될까요? 빅데이터로 알게 된 정보는 어떤 문제 해결을 위한 단서인 경우가 많습니다. 따라서 산업 현장에서 문제와 연관된 다양한 직군의 사람들과 공유하고 협업하게 됩니다. 그럴 때 이 정보를 시각화해서 소통하는 것이 무척 중요해집니다. 그리고 이 시각화 작업에 좋은 디자인의 조건이 그대로 적용되는 것입니다.

빅데이터와 디자인의 긴밀한 관계 엿보기

빅데이터에 있어 가장 중요한 문제는 많은 양의 데이터가 아니라 그 데이터를 얼마나 잘 활용하느냐입니다. 빅데이터를 통해 정보를 획득하고 이것을 통해 의사결정을 하고 설득할 수 있는 능력을 갖춰야 합니다. 이런 능력과 디자인은 어떤 관계가 있을까요.

인간은 오감을 통해 주변 사물을 느끼고 판단합니다. 이런 오감을 통해 복잡한 자연환경 속에서 일어나는 일에 대하여 특정한 패턴이나 사건들 사이의 관계를 파악합니다. 우리는 오감 중 특히 시각에 대한 의존도가 높습니다. 보통 사람이 감각 기관을 통해 획득하는 정보의 80% 이상이 시각을 통해 얻어진다고 합니다. 따라서 데이터를 시각적으로 표현하면 우리는 정보를 가장 빠르게 파악할 수 있습니다.

또한 이런 시각적인 표현이 점점 더 중요해지는 이유는 정보가 폭발적으로 증가하기 때문입니다. 현대 사회에서는 많은 정보에 노출되어 있습니다. 우리가 하루에 접하는 정보의 양은 평균 신문 174쪽에 달한다는 말도 있습니다. 이렇게 많은 정보를 접하다 보니 그것을 소화할 수 없어 대부분 정보에 대해서는 무관심하거나 대충 제목만 훑어보는 수준으로 접근합니다.

한 예로 사람들은 온라인상(인터넷)에서 게시된 글을 대부분 20%

정도밖에 읽지 않는다고 합니다. 몇 초만 훑어보고 다른 글이나 사이트로 넘어가 버리곤 합니다. 이러한 정보의 과잉은 사람들에게 피로감을 주기 때문에 핵심 메시지를 효과적으로 전달하는 방법은 점점 필요해지고 있습니다.

시각화는 요약된 정보 형태로 데이터가 가진 의미를 한눈에 파악하고 쉽게 이해할 수 있도록 해줍니다. 도형 등으로 시각화되어 크기, 색깔, 위치, 형태를 통해 정보의 분포와 비교, 관련성을 파악할 수 있습니다. 이렇게 시각적으로 표현하면 통계에 대한 전문 지식이 없어도 누구나 쉽게 해석할 수 있습니다. 다른 사람에게 효율적으로 전달하는 것도 가능해집니다.

인포그래픽의 역사를 알아보자!

요즘은 정보 시각화, 인포그래픽이라는 말을 많이 씁니다. 정보를 전달하는 데 매우 효과적이기 때문에 특히 신문과 같은 언론에서 많이 사용되고 있습니다. '인포그래픽'은 이미지나 도형, 숫자, 차트, 지도, 다이어그램, 로고, 일러스트레이션 등의 요소를 혼합하고 활용하여 비주얼적인 스토리텔링으로 정보를 전달하는 방법입니다.

인포그래픽의 역사를 살펴보면 1765년 영국의 공학자인 조지프 프리스틀리가 기원전 1200년부터 서기 1750년까지 유명인 2000명의 삶을 막대그래프로 표현하면서 인포그래픽이 시도되었다고 봅니다.

'나폴레옹 진군 지도'는 나폴레옹이 모스크바를 점령하기 위해서 47만의 병사로 출정해서 1만 명만 복귀한 과정을 표현했습니다. 한눈에 나폴레옹의 러시아 원정 상황이 드러나도록 잘 표현되었습니다.

콜레라의 원인을 밝힌 존 스노우의 '콜레라 지도'도 유명합니다. 런던에 콜레라로 인해 사망한 인원수를 지도 위에 표시했습니다. 이 지

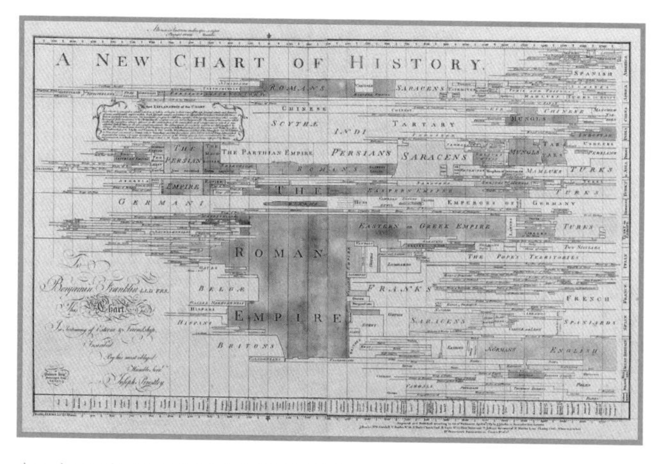

| 조지프 프리스틀리의 '유명인 2000명의 삶'

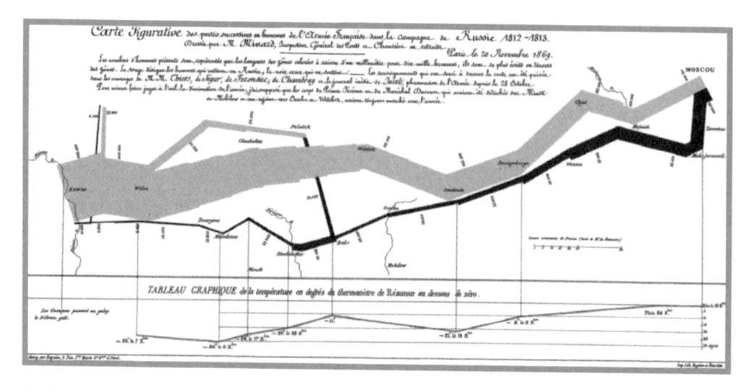

| 나폴레옹의 '진군 지도'

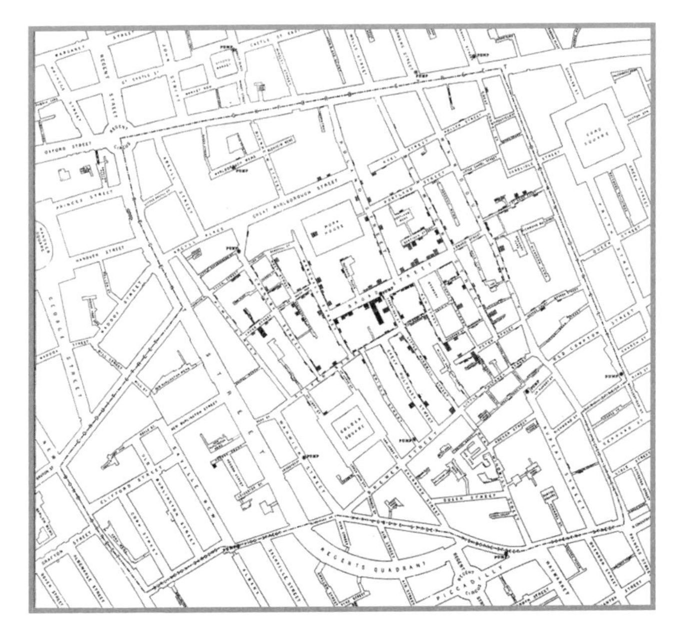

| 존 스노우의 '콜레라 지도'

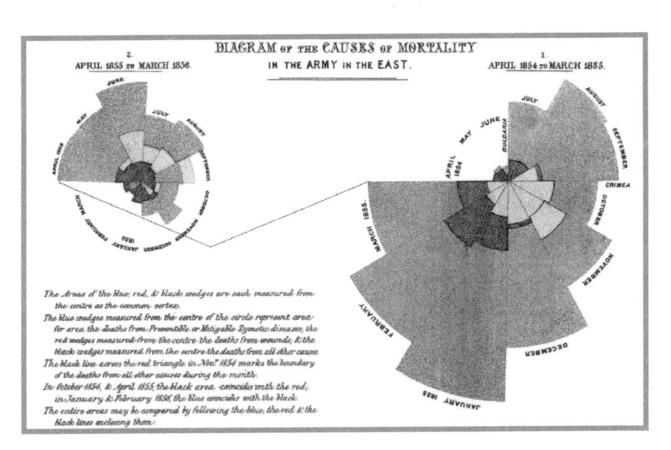

| 나이팅게일의 '사망 원인에 대한 그래프'

도를 통해 우물을 중심으로 환자가 발생한 것을 파악하고 우물하고 콜레라와의 관계를 밝혀낼 수 있었습니다.

백의의 천사로 알려진 나이팅게일은 크림 전쟁 시 사망자 대부분이 열악한 병원 환경 때문인 것을 밝혀내는데, 이것을 그래프로 나타냈습니다. 사망 원인에 대한 그래프를 토대로 이 사실을 알려서 사람들은 쉽게 이유를 납득할 수 있게 됩니다. 그 결과, 병원 환경을 개선하여 많은 사람의 목숨을 구할 수 있었습니다.

19세기에 접어들면서 통계가 사회와 경제 활동 등에 깊숙이 활용되면서 일러스트가 도입되고, 사진을 이용하는 등 여러 가지 방법이 시도됩니다.

최근에 기사를 보면 카드 뉴스나 다양한 이미지와 그래프를 통해 정보를 제공합니다. 이렇게 '읽는 기사에서 보는 기사'로 바뀌어 감으로써 사람들이 정보를 더 빨리, 더 쉽게 받아들이고 의사결정과 의사소통을 하게 됩니다.

좋은 인포그래픽의 조건

좋은 인포그래픽이 되기 위해서는 유익한 정보, 매력적인 디자인, 단순함 이 세 가지 요소가 균형을 이뤄야 합니다. 또한 인포그래픽을 그리려면 정보의 가치를 찾아낼 줄 아는 분석력과 해석력이 먼저 필요합니다. 그리고 이런 정보를 전달하는 스토리텔링이 필요합니다.

인포그래픽은 총 열 단계에 거쳐 만들어집니다. 주제 선정, 사전 조사, 자료 수집, 자료 분석 및 가공, 스토리 도출, 아이디어 스케치, 편집, 디자인, 검토, 완성의 순서를 거치죠.

주제 선정은 말 그대로 인포그래픽으로 만들 정보의 내용을 정하는 겁니다. 이것이 결정되면 주제에 대한 배경 지식을 쌓기 위해 관련된 내용을 모두 파악합니다. 그다음 자료를 수집합니다. 자료 수집은 주제와 관련된 수치 자료를 모으는 것을 말하죠. 이렇게 모은 자료를 목적에 맞게 통계 분석합니다.

이제 통계 분석한 내용을 바탕으로 일종의 스토리텔링을 합니다. 어떤 콘셉트로 디자인할 건지 정하기 위해서죠. 즉 사람들에게 알리고 싶은 메시지를 정하고, 이것을 효과적으로 표현하기 위해 어떤 흐름이나 이야기로 정보를 줄 건지 정합니다. 그다음 아이디어를 스케치하고, 이를 바탕으로 정보를 편집하고 디자인합니다. 마지막으로 처음의 의도대로 인포그래픽이 만들어졌는지 확인하면 인포그래픽이 완성됩니다.

제작 과정을 살펴본 것처럼, 인포그래픽에는 통계뿐만 아니라 디자인 요소도 큰 부분을 차지합니다. 따라서 통계학자와 컴퓨터과학자, 미술, 영상, 음악 전공자들이 함께 인포그래픽을 만들어요. 일종의 융합 학문인 셈이죠.

그럼 좋은 인포그래픽을 만드는 여섯 가지 방법에 대해 알아봅시다.

1. '이것을 볼 사람은 누구인가'를 정의한다

가장 중요한 것은 이것을 보는 사람이 누구인지 아는 것입니다. 그들의 나이, 직업, 성별 등을 알면 어떤 방향으로 준비해야 할지 파악할 수 있습니다. 여러분 친구들에게 보여 줄 것인지, 부모님이나 주변 어른에게 보여 줄 것인지, 선생님께 보여 줄 것인지에 따라 표현 방법이 달라질 수밖에 없겠지요.

2. 전달하고 싶은 메시지를 정확히 한다

이것을 읽는 사람이 무엇을 받아들이기를 원하는지, 무엇을 기억하게 해야 하는지 스스로 질문해 봅시다. 이렇게 메시지를 정하고 나면 어떤 그래프를 쓰고, 어떤 이야기 구조에 담아야 하는지 판단할 수 있습니다.

3. 숫자와 그래픽을 함께 사용하면 더욱 명확한 메시지를 전달할 수 있다

보는 사람들은 눈에 확 띄는 숫자를 잘 기억합니다.

4. 색을 통해 더욱 명확하게 전달한다

색은 여러 가지 성질을 가지고 있습니다. 따스하고, 차갑고, 무겁고, 가볍고, 딱딱하고, 부드럽고, 눈에 잘 보이는 색이 있는가 하면 거리감이 느껴지는 색도 있습니다. 이런 성질을 활용하면 메시지를 더욱 효과적으로 표현할 수 있습니다.

5. 핵심 포인트를 강조한다

보는 사람들이 그 차이를 바로 인식할 수 있도록 크기, 모양, 색, 멀고 가까움을 표현해 봅시다. 이런 속성을 이용하여 중요한 부분을 강조하는 것이 좋습니다.

6. 시선을 자연스럽게 움직이게 한다

우리가 어떤 대상을 볼 때 시선은 왼쪽에서 오른쪽, 위에서 아래로 움직입니다. 따라서 이런 시선의 흐름에 따라 주요 콘텐츠를 배치하면 사람들이 편하게 정보를 받아들일 수 있습니다.

데이터를 잘 활용한다는 의미는 데이터를 잘 분석하여 정보를 얻고, 그 정보를 어떤 스토리를 가지고 표현하느냐 입니다. 즉 데이터 가공 및 분석 능력과 시각적인 표현을 통한 스토리텔링 능력이 필요합니다.

빅데이터는 가장 강력한 설득 도구다

―

〈그레이트 디베이터스〉

여기 와일리대학 학생 360명 중 45명이 토론팀에 지원하였다.

테스트를 통해 4명만이 남게 된다.

왜냐고?

토론은 잔인한 경기다. 바로 전투다.

너희들의 무기는 단어들이야.

_영화 〈그레이트 디베이터스〉 중에서

우리는 집단 속에 일원으로 살아가며, 대부분의 사회생활에서 다른 사람과 관계를 맺습니다. 그 과정에서 가장 필요한 능력은 상대방과 소통하고 설득하는 일이죠. 일을 성사시키기 위해서는 결국 얼마나 많은 사람이 내 말을 믿고 따라 주느냐에 달려 있기 때문입니다. 아무도 내 말을 믿지 않는다면 혼자서 그 일을 추진하기란 매우 어려운 일이죠.

영화 〈그레이트 디베이터스(The great debaters)〉는 제목 그대로 디베이트에 대한 이야기입니다. 디베이트는 어떤 주제에 대해 찬성과 반대로 나누어서 논쟁을 해 승리하는 쪽을 가르는 토론의 방법입니다.

이 영화는 아직 흑인들이 인종 차별을 받던 1930년대 실제 있었던 이야기를 토대로 만들어졌습니다. 미국 텍사스 주 동부에 위치한 흑인 대학교 와일리 칼리지의 토론 팀이 인종 차별에 맞서 전국 토론대회에 출전하여 우승하는 이야기입니다. 실제는 남캘리포니아대학교를 결승에서 만나지만 영화에서는 하버드대학교 학생들과 결승에서 만나는 설정으로 나옵니다.

| 영화 〈그레이트 디베이터스〉의 한 장면

영화 첫 부분에 버스가 지나가고 주인공 사만다 북스가 서 있습니다. 옆 의자에는 백인만 앉을 수 있다는 의미인 'WHITES ONLY'라는 문구가 적혀 있죠. 이 문구 하나로 흑인이 차별받는 당시의 사회를 엿볼 수 있습니다.

영화는 학생들이 토론을 준비하고 연습하는 과정을 다루고 있어 어떻게 토론을 준비하는지를 살펴볼 수 있습니다. 영화 내내 이어지는 토론 대결은 전혀 지루하지 않습니다.

멜빈 톨슨 교수는 토론 팀 구성을 위해 모인 학생들에게 토론은 피를 튀기는 전투이고 무기는 단어들이라고 얘기합니다. 아직 길거리에서 흑인들이 백인들에게 폭행당하고 차별받는 시대이지만, 흑인 토론팀이 단어의 힘으로 백인들과 당당히 맞서는 모습은 멜빈 톨슨 교수가 얘기하듯이 전투와 같은 치열함을 느끼게 합니다.

영화에서 토론하는 장면을 보면 자신이 주장하는 예시를 들어 말하는 것이 나옵니다. 말한 인물이나 출처를 통해 그 예시의 정당성을 부여하죠. 그리고 개인적인 경험을 바탕으로 청중들에게 정서적으로 호소를 하며 지지를 끌어내기도 합니다.

주장하는 것이 맞는 것 같다가도 반대편에서 다른 관점으로 말을 하면 또 그 말에 고개가 끄덕여집니다. 어떤 논리로 어떻게 얘기하느냐에 따라 내 생각은 왔다 갔다 하지요. 실로 말의 힘이 느껴지는 순간입니다.

설령 우리가 진실이라고 믿는 사실일지라도 이것을 다른 사람에게 설득하는 것은 어려운 일입니다. 이를테면 우리는 지구가 태양을 돈다는 것을 압니다. 단순히 책으로 보고 아는 지식이지만, 이런 사실이 지식으로 인정받기까지 많은 어려움이 있었습니다.

지구가 우주의 중심이라는 천동설은 2세기 프톨레마이오스가 정립한 이론으로 1400여 년 동안 '지식'으로 인정받아 왔었습니다. 코페르니쿠스는 지동설을 주장했다가 1633년에 로마 교황청에 불려가 이단 심판을 받고 가택 연금을 당했습니다. 결국 지동설을 주장하지 않겠다는 약속을 하고서야 풀려날 수 있었죠. 신부인 브루노는 지동설을 포기하지 않고 계속 주장하다가 1600년도에 화형을 당하고 맙니다.

한편 케임브리지대학교의 장하석 교수는 온도에 대해서 이렇게 얘기합니다.

"지금 이 방의 온도가 17도라고 할 때 뭐가 도대체 열일곱 개라는 말인가? 또 온도에 있어 0이라는 기준을 어떻게 잡았고, 1도를 정의하는 눈금 사이의 크기를 어떻게 정했을까? 그리고 온도계 유리관에 넣은 액체의 팽창이 온도를 정확히 나타내 준다고 어떻게 알 수 있나?"

이런 질문을 하고 나면 우리가 아는 지식을 얻고 이것을 다른 모든 사람과 공유하는 것이 얼마나 어렵고 중요한 일인지 알 수 있습니다. 지금은 당연하게 인식하는 지식도 매우 복잡하고 어려운 과정을 거쳐 하나의 지식으로 자리 잡았다는 것입니다.

이렇게 하나의 지식이 대중에게 받아들여지기까지 엄청난 설득의 과정을 거쳐야 합니다. 지식을 발견하는 것 못지않게 다양한 사람들에게 지식을 알리고 받아들이게 하는 설득 또한 매우 중요한 일입니다.

설득이란 상대방이 처음에 가졌던 생각이나 의견이 내 이야기로 인해 바뀌는 것을 의미합니다. 대부분의 설득 과정은 어떤 전제를 근거로 하여 결론을 끌어내는 형식을 갖춥니다. 어떤 사람의 주장이 거짓이라는 것을 밝혀내기 위해서는 근거가 허위라는 것을 증명하면 되는 것이죠. 만약 그 근거가 거짓이라는 것을 밝혀내지 못하면 그 주장에 동의할 수밖에 없을 것입니다.

그렇다면 어떻게 하면 상대에게 내 생각을 효과적으로 전달하고 내가 원하는 방향으로 움직이도록 설득할 수 있을까요. 여기에서 필요한 것이 바로 스토리텔링입니다.

빅데이터는 스토리를 보여 준다

영화는 큰 의미에서 보면 설득의 영역입니다. 수많은 사람이 이런 이야기에 공감하고 재미있어 해야 합니다. 그래야 기꺼이 지갑을 열고 극장에 들어가기 때문이죠. 그렇다면 왜 사람들은 그렇게 영화를 재미있다고 느끼고 공감하는 것일까요.

우리가 영화를 보면서 몰입하는 이유는 바로 흥미진진한 스토리 때문입니다. 스토리는 단순히 일어난 사건과 배경만 보여 주지 않습니다. 그 사건에 관련된 인물의 심리와, 사건과 배경의 인과 관계를 보여 줍니다. 이야기 장면 하나 하나를 원인과 결과로 흥미롭게 엮어 놓은 것입니다. 이를 통해 영화는 아무리 복잡한 내용이라 할지라도 관객들을 이해시키고, 공감하게 만듭니다.

이런 구조가 오직 영화에만 있는 것은 아닙니다. 바로 빅데이터의 문제 해결 과정도 이와 비슷합니다. 우리가 해결해야 할 문제가 무엇이고, 이걸 해결하기 위해 어떤 정보를 활용했고, 어떤 원인으로 그 문제가 발생했으므로 이런 방향으로 그 문제를 해결해야 한다는 내용이 만들어질 수 있습니다. 바로 이런 내용이 스토리입니다.

데이터 그 자체는 사람들이 이해하기 어려운 형태이지만 데이터를 분석하여 나온 결과에는 그 데이터만이 지닌 본질이 나타나 있습니다. 그것을 일반인들이 이해할 수 있게 표현해 주는 작업이 필요합니다.

일반적으로 데이터 분석은 특정한 문제를 해결하기 위해 하는 경우가 대부분입니다. 따라서 문제를 해결할 수 있는 단서를 데이터로부터 끄집어내야 합니다. 이러한 과정은 사건 현장에서 남겨진 증거들을 통해 형사들이 현장에서 일어난 상황을 파악하고 범인의 모습을 그려 보는 추리와 비슷합니다. 단서들을 모아 이곳에서 어떤 일이 벌어졌고 범인은 어떤 사람일 것이라는 것을 알아냅니다. 이렇게 범인을 잡는 것처럼, 문제 해결도 맥락을 따라 구성하고, 정보를 파악해 해결 방법을 찾습니다.

이처럼 데이터를 통해 내가 찾은 정보와 방법을 다른 사람들도 이해할 수 있도록 설명이나 설득하는 작업이 필요한 것입니다. 이런 설득의 가장 효과적인 도구가 바로 스토리텔링입니다. 이렇게 데이터를 활용하여 스토리텔링을 만드는 것을 데이터 스토리텔링이라고 말합니다.

이제는 데이터 스토리텔링 시대다

우리는 한 가지 색만 보면 그 색에 대한 느낌만 받지만 다양한 색으로 표현된 그림을 보면 그 안에서 어떤 이야기를 읽을 수 있습니다. 우리가 늘 보던 사물이지만 화가나 시인이 그 속에 있는 새로운 모습을 우리가 쉽게 볼 수 있는 그림이나 문자로 보여 줄 때 우리는 사물의 새로운 의미를 느낄 수 있습니다.

스토리텔링 컨설턴트인 숀 칼라한은 "최고의 스토리는 데이터를 포함하고 있다. 스토리와 데이터가 각기 따로 있다고 생각하는 것은 잘못된 것이다. 이제는 과학자들이 그들의 데이터를 삶에 가져오고 그것을 통해 이야기할 수 있도록 해야 한다."고 말했습니다.

또 스탠퍼드대학교 마케팅 교수 제니퍼 아커는 미래의 스토리텔링은 데이터와 이야기가 함께 사용될 때 논리적이면서도 감성적으로 잠재 고객에게 다가갈 수 있다고 말하며 데이터와 스토리텔링의 접목이 얼마나 중요한지를 강조했지요.

그럼 데이터에서 어떻게 스토리를 만들어 낼 수 있을까요.

먼저 내가 설득해야 할 대상을 먼저 이해해야 합니다. 듣는 사람이 왜 이 결과에 관심을 두는 것인지, 그들을 움직일 수 있는 동기는 무엇인지 파악해야 합니다. 그리고 이 정보를 통해 어떤 행동을 해야 하는지에 대한 메시지가 필요합니다.

그리고 데이터에는 시간에 따라 어떻게 변화되어 왔는지, 일어난 장소가 어디인지, 신뢰성이 어느 정도인지, 다른 그룹과 얼마나 차이가 나는지, 전체에서 얼마만큼 비중을 차지하고 있는지, 서로 어떤 관계가 있는지에 대한 다양한 이야기가 숨어 있습니다. 이런 이야기를 숫자, 표, 그래프, 인포그래픽을 통해 표현할 수 있습니다.

이렇게 사람들이 보지 못하는 데이터 속에 숨겨진 스토리를 화가나 시인처럼 그림이나 문자로 표현해 주는 작업이 '데이터 스토리텔링'입니다.

가장 유명한 데이터 스토리텔링 사례는 플로렌스 나이팅게일의 크림전쟁의 사망률 분석 그래프(159쪽)입니다. 나이팅게일은 군인들이 전투보다 병원의 열악한 위생 상태로 인해 사망자가 더 많이 발생한다는 것을 알게 되었습니다. 나이팅게일은 이러한 사실을 영국 의회와 빅토리아 여왕에게 알리고 병원 환경을 개선하도록 설득하려고 노력했습니다. 이를 위해 나이팅게일은 군인의 사망 원인에 대한 데이

터 분석 그래프를 만들어 데이터 스토리텔링을 통하여 설득했습니다. 그 결과 나이팅게일의 주장은 받아들여졌고 수많은 군인의 목숨을 구할 수 있었습니다.

미래학자 롤프 옌센은 세상은 “이미 물질적인 부가 아닌 문화, 가치, 생각이 중요해지는 꿈의 사회로 진입했다”고 이야기합니다. 이러한 사회에서는 브랜드보다 고유한 스토리를 팔아야 하며, 이제 스토리텔링을 배우지 못한다면 사람들을 설득할 수 없고, 설득할 수 없다는 것은 원하는 것을 얻지 못한다는 의미와도 같다고 말했습니다.

빅데이터 속에는 다양한 스토리가 담겨 있고, 빅데이터는 여기에 객관적이고 구체적인 근거로 활용될 수 있습니다. 이런 이유로 빅데이터는 문제를 해결할 열쇠가 들어 있는 미래의 보물창고로 주목받고 있는 것입니다.

빅데이터가
당신을 속이는 방법

—

〈러빙 빈센트〉〈열정의 랩소디〉
〈반 고흐 : 위대한 유산〉

당신은 그의 죽음에 대해서 그토록 알고 싶어 했지만,

그의 삶에 대해서 무엇을 알고 있습니까?

_영화 〈러빙 빈센트〉 중에서

어떤 한 사람에 대해 영화로 만든다면 누가 만들든지 똑같은 내용이 될까요. 언뜻 생각해 보면 똑같은 영화가 만들어질 것 같지만, 한 사람의 인생은 다양한 모습을 가지고 있습니다. 직장인, 아버지, 아들, 연인, 남편과 아내, 경쟁자, 친구…. 그 어떤 모습을 보느냐에 따라 그 사람에 대한 평가가 달라질 수 있죠.

오늘날 고흐는 가장 유명한 화가이지만 그의 삶은 굴곡이 많았습니다. 8년 동안 800점의 작품을 남겼지만 그의 그림은 살아 있을 때는 인

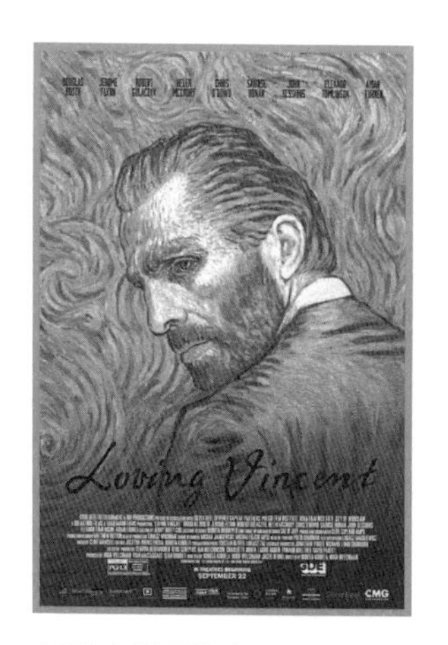

| 영화 〈러빙 빈센트〉 포스터

정받지 못해 단 한 점만 판매되었다고 합니다. 고흐는 생활고에 시달리다가 동생 테오에게 모든 생활비를 받아 써야만 했고 결국에는 자살로 생을 마감합니다. 이런 굴곡이 많은 고흐의 일생은 여러 편의 영화로 그려졌습니다.

영화 〈러빙 빈센트〉는 5년 동안 화가 107명이 그린 유화 62450점으로 만들어졌습니다. 이 영화는 고흐가 죽은 지 1년 뒤가 배경인데, 집배원 롤랭의 아들 아르망이 고흐의 마지막 편지를 그의 동생 테오에게 전달해 주기 위해 여행을 하는 여정을 그리고 있습니다. 〈러빙 빈센트〉를 보는 내내 과연 고흐는 자살한 것일까 아니면 살해당한 것일까 궁금해집니다. 동시에 그가 왜 삶을 포기하게 되었는지에 대한 동기에 관심을 두게 만듭니다.

고흐에 대한 또 다른 영화 〈열정의 랩소디〉는 1956년에 나온 작품입니다. 배우 커크 더글러스가 고흐로, 배우 안소니 퀸이 고갱으로 출연하였지요. 이 영화는 고흐의 예술적 삶에 초점을 맞추고 있습니다. 고갱과의 대화를 통해 자신만의 예술 세계를 표현하고자 하는 고흐의 예술적 고뇌를 보여 줍니다.

고흐를 그린 또다른 영화를 볼까요? 2013년에 나온 〈반 고흐 : 위대한 유산〉은 고흐의 즉흥적이고 엉뚱한 행동으로 인해 가족들이 겪는 갈등이나 아픔을 보여 줍니다. 고흐는 그림을 판매하고 이름을 떨치고 싶어 하지만 누구도 그의 그림을 사겠다고 하는 사람은 없습니다. 늘 가족에게 짐이 되는 처지에서 벗어날 수 없어 고흐는 외로워하고 힘들어 합니다. 가족들 역시 고흐의 충동적인 성격으로 인해 상처받는 상황이 그려집니다.

이렇듯 3편은 고흐의 삶을 영화로 보여 주지만, 이 영화들 속 고흐는 전혀 다른 인물들 같습니다. 〈러빙 빈센트〉에서는 미스테리한 죽음을 당한 천재 화가, 〈열정의 랩소디〉에서는 예술적 고뇌로 번민하는 인간, 〈반 고흐, 위대한 유산〉에서는 괴짜인데다가 주변에 상처만 주는 존재로 그려지고 있습니다. 어떤 영화가 진짜 고흐의 삶일까요. 분명한 것은 모두 고흐에게 있는 일면이라는 것입니다. 하지만 그를 어떤 시각으로 보느냐에 따라 전혀 다른 인물처럼 보이지요.

유명 오디션 프로에서 '악마의 편집'이라는 말이 나온 적이 있습니다. 그 말은 의도적으로 그 사람의 어떤 말이나 행동만을 편집해서 보여 주는 경우를 얘기합니다. 어떤 이미지나 메시지를 보여 주기 위해서 앞뒤 맥락을 다 생략하고 특정 장면만 보여 줌으로써 의도된 결과로 만들어 내는 경우가 많이 있습니다.

이를테면, 다큐멘터리 프로에서 천사처럼 착한 모습으로 나온 사람이 나중에 추악한 행동이 발각되어 나오는 뉴스를 우리는 이따금 봅니다. 분명 같은 사람인데 어떻게 이렇게 정반대의 모습을 지녔을까 싶기도 합니다. 어떠한 측면에서 그의 삶을 들여다보느냐에 따라 많은 차이를 보입니다. 다시 말해 우리가 무엇을 파악할 때 어떠한 관점으로 보느냐에 따라 다르게 판단될 수 있습니다.

미래 사회를 이끄는 원료인 빅데이터 역시 이런 측면을 가지고 있습니다. 어느 대상의 데이터를 가지고 분석하느냐, 어떤 상태의 데이터를 처리하느냐, 어느 시각으로 데이터를 분석하느냐에 따라 내용이 다르게 해석될 여지가 있습니다.

흔히 데이터의 잘못된 사용과 해석에 대해서 '통계의 거짓말'이라는 말을 이야기합니다. 이 말은 사용자의 편견에 따라 데이터가 다르게 사용될 수 있다는 의미보다는 데이터를 제대로 비판할 수 있는 능력이 중요하다는 의미를 담고 있습니다. 이런 측면에서 우리가 빅데이터를 분석할 때는 빅데이터가 이렇게 편집된 상태가 아닌지를 가장 먼저 파악해야 합니다. 의도적으로 특정 기간의 데이터만 잘라서 분석하거나 아니면 의도적으로 편향된 데이터를 추출·수집할 수도 있기 때문입니다.

베이컨의 4가지 우상으로 본 빅데이터의 오류

빅데이터의 오류는 기본적으로 인간이 범하는 오류와 많은 부분이 비슷합니다. 빅데이터도 의도치 않게 편향된 자료가 수집될 가능성이 있습니다. 또 통계와 같은 맥락의 해석과 표현 과정을 거치기 때문에 인간의 인식 오류가 그대로 반영되는 경우가 많습니다. 또 자신의 목적에 맞는 결과를 얻기 위해 자료를 있는 그대로 보지 않을 가능성도 여전히 있습니다.

철학자 프랜시스 베이컨은 4가지 우상을 통하여 우리가 범하는 오류나 편견에 대해서 말했습니다. 바로 종족의 우상, 동굴의 우상, 시장의 우상, 극장의 우상입니다.

먼저 '종족의 우상'은 인간이 가지는 편견이나 착각을 얘기합니다. 사람들이 사물을 인식하는 데 많은 오류가 있습니다. 데이터에서는 이런 편견이나 착각이 표본 선정의 왜곡을 통해 많이 나타납니다.

선거 기간이 되면 여론 조사를 많이 하죠. 조사하는 대상을 어떻게 선정하느냐에 따라 얼마든지 왜곡할 수 있습니다. 예를 들어 서울에서 좋아하는 프로 야구 선수를 조사한 결과와 부산이나 광주에서 조사한 결과는 달라질 수밖에 없습니다. 또 비교의 대상을 다르게 함으로써 왜곡을 나타낼 수 있습니다. 예를 들어 미국 해병대 모집 광고에서 '미 해병대의 사망률은 뉴욕 시민의 사망률보다 낮다'라고 홍보한 적이 있었습니다. 어디에 오류가 있을까요? 미 해병대에 지원하는 사람들은 신체가 아주 건강한 청년들이고 뉴욕 시민은 노약자, 노숙자, 범죄자 등이 다 포함된 수치입니다. 이 두 그룹을 비교하면 당연히 노약자, 노숙자가 포함된 그룹의 사망률이 청년의 사망률보다 높을 수밖에는 없습니다.

다음으로 '동굴의 우상'을 살펴볼까요? 이것은 사람들은 보통 자신의 경험이나 지식, 사회적 위치에 따라 사물을 판단하는 것을 말합니다. 우리의 속담 중에 '우물 안 개구리'라는 말과 비슷하죠. 바로 확증편향을 말합니다. '확증 편향'이란 사람들이 자신이 기존에 믿는 바에 부합하는 정보만 받아들이려 하고, 자기 생각에 어긋나는 정보는 거부하는 편향을 말합니다.

'우리 편 편향'이라는 말도 있습니다. 남의 주장이나 다른 의견에는 아주 예리하게 비판할 줄 아는 사람도 자기나 자신이 속한 그룹의 주장에는 한없이 관대해지고 결점을 보지 못하는 현상을 말합니다. 예를 들어 사람들은 자신의 의견과 비슷한 사람들과는 많은 교류를 하지만, 자신과 생각이 다른 사람들과는 자주 만나려 하지 않습니다.

스탠퍼드대학교 학생들을 상대로 한 유명한 실험이 있습니다. 사형 제도에 찬성하는 학생들과 반대하는 학생들에게 사형 제도의 효과에 관한 상반된 두 가지 연구 결과를 제공했습니다. 한 연구는 사형이 범죄 억제 효과가 있음을 보여 주는 것이고, 다른 연구는 그런 효과가 없음을 보여 주는 내용이었습니다. 두 그룹 모두 자기 생각을 지지하는 연구에 대해서 인정하면서도, 자기 생각과 배치되는 연구에 대해서는 그대로 받아들이지 않고 다양한 이유를 들어 그 연구가 잘못되었을 가능성을 제시했습니다.

다음으로 '시장의 우상'을 살펴보려 합니다. 이것은 소문을 거치면서 처음의 얘기와 달리 많이 와전되는 것을 말합니다. 우리 속담에 '말은 할수록 늘어나고 곡식은 될수록 줄어든다'는 말이 있습니다. 말이 전달되면서 와전되는 경우는 정보화 기기가 발달하면서 더 늘어나고 있습니다. 유튜브나 SNS 등에는 가짜 뉴스가 많이 나오고 이런 거짓 정보는 순식간에 퍼져 나갑니다. 게다가 사람들은 그 정보를 접하는 순간에 진실인지 거짓인지를 판단하기가 무척 힘듭니다. 오히려 이런 거짓 정보들은 대체로 자극적이고 흥미로우므로 다른 정보보다

빨리 대중의 관심을 끌게 되지요.

이러한 현상을 '인포데믹(infodemic)'이라고 합니다. 인포데믹은 '정보(information)'와 '전염병(epidemic)'의 합성어로 잘못된 정보가 미디어와 인터넷을 통해 빠르게 퍼져 나가는 현상을 말합니다. 2020년 초 북한 김정은 국무위원장이 공개 활동에 모습을 나타내지 않자 전 세계적으로 김정은 위원장의 사망 소식이 퍼져 나가기 시작했습니다. 또한 코로나 바이러스를 예방한다며 한 교회에서는 소금물을 입 안에 뿌려 집단 감염을 일으키기도 했습니다. 이런 인포데믹 현상 때문에 '루머보다는 팩트' 운동을 하자는 말도 나왔지요.

마지막으로 '극장의 우상'은 저명한 사람의 말이나 권력이 높은 사람의 말을 아무런 비판 없이 믿는 경향을 말합니다. 통계가 거짓말 도구로 오해받는 커다란 이유이기도 하지요. 사람들은 통계적인 수치를 인용하면 과학적인 결과라고 보고 무조건 믿는 경향이 있습니다. 이러한 이유로 데이터 과학을 할 때는 신중하고 정확하게 해야 한답니다.

빅데이터는 반증 가능성을 통해 과학이 된다

빅데이터를 통해 정보의 과잉이나 편향된 정보 혹은 잘못된 정보에 노출될 위험성은 앞으로 계속 있을 것입니다. 이러한 때 우리는 빅데이터를 더욱 올바르게 다루려는 자세를 지녀야 합니다.

철학자 칼 포퍼의 얘기처럼 우리가 옳다고 하는 만큼 언제나 틀릴 수 있다는 생각이 필요합니다. 칼 포퍼는 과학 지식에 대한 맹신의 위험성을 얘기하며, 반증 가능성이야말로 과학의 조건이라고 얘기하였습니다. 반증할 방법이 없는 것은 과학이 아니라고 말한 것입니다. 마르크스주의자, 프로이트주의자, 인종주의자 등 모두 자신이 신봉하는 이론으로 세상의 모든 일을 설명할 수 있고 또 자신의 설명이 과학적이라고 주장했습니다. 하지만 포퍼는 뭐든지 설명할 수 있는 이론이야말로 일부 종교처럼 독단적이거나 음모설처럼 사람을 홀리는 비과학적인 것이라고 판단했습니다.

포퍼가 말하는 과학의 정수는 비판 정신이고 그 정신은 모든 이론을 사정없이 시험하는 것으로 표현됩니다. 다시 말해, 과학은 뭔가 새로운 것을 계속 배워 나가는 과정이기 때문에 기존의 이론을 지키기 위한 고집보다는 더 좋은 새로운 이론을 얻기 위한 자세가 중요하다는 이야기이지요. 이런 반증의 논리를 과학의 가장 기본적인 자세로 보고, 자연으로부터 뭔가를 확실히 배우는 방법은 끝없는 추측과 반증의 과정이라고 주장합니다. 빅데이터 시대에 이러한 포퍼의 주장을 한번 되새겨 봐야 할 듯합니다. 과학적 사고에는 언제나 정보에 대한 비판적 시각과 판단력이 바탕이 되어야 한다는 것을 잊지 말아야 합니다.

chapter 04

데이터는 어떻게 분석되고
또 활용되는가?

빅데이터를 가장 맛있게 먹는 레시피

인간의 행동은 상당히 규칙적이고 예측이 가능합니다. 왜냐하면 사람들은 본능적으로 자신이 속한 집단과 동질화되려고 하기 때문이죠. 사람들은 집단에서 소외되고 고립될지 모른다는 것에 공포감을 느낍니다. 그래서 비슷한 옷을 입고 비슷한 생각을 하고 비슷한 행동을 하며 살아가려 합니다.

또 '네트워크 효과(Network Effect)'라는 것도 있습니다. 이것은 어떤 사람의 행동이 다른 사람의 행동에 영향을 주는 현상을 말합니다. 유명한 사람이 사용하고 더 많은 사람이 사용할수록 영향력이 더욱 확대되죠.

이러한 이유로 과거에 일어난 행동 대부분은 현재 많은 사람이 행동하고 미래에도 그런 행동을 할 가능성이 큽니다. 이런 흐름 때문에 데이터를 분석하면 사람들의 생각이나 행동을 미리 알 수 있는 것입니다. 즉 데이터가 집단적인 행동의 결과로 만들어지기 때문에 과거에 일어난 데이터 속으로 들어가 패턴을 파악하면 이 패턴에 의해 내일 일어날 일도 예측할 수 있게 되는 것입니다.

이처럼 데이터 속으로 들어간다는 것은 수많은 과거의 시간 속으로 들어가는 것과 같습니다. 어찌 보면 데이터 분석 행위는 시간 여행과 같은 것이죠.

데이터 리터러시를 길러라

—

〈데스노트〉

"여기 그래프는 희생자들의 사망 시간을 나타낸 것입니다."

"이 그래프에서 특별한 것을 발견할 수 없는데?"

"대수의 법칙이라고 들어 보셨나요?"

"대수의 법칙?"

"스위스 수학자인 베르누이가 자연을 관찰해서 만든 이론이죠.

이 무작위 데이터를 일주일 단위로 쪼개어 합쳐 보죠."

"패턴이 보이는데, 시간표 같군."

_영화 〈데스노트〉 중에서

영화 〈데스노트〉에는 '데스노트'라는 신의 살인 도구를 가진 천재 범인 라이토와 천재 탐정 L이 등장합니다. 천재 두 사람의 숨 막히는 대결이 펼쳐지지요. 과연 천재 탐정 L이 범인을 잡기 위해 어떠한 방식으로 접근했을까요.

같은 데이터도 보는 이에 따라 보이는 정보가 다르다

경찰청 데이터베이스를 해킹한 라이토는 법망을 피해 아무런 처벌도 받지 않고 살고 있는 범죄자들의 리스트를 보게 됩니다. 법이 정의를 구현하기 힘들다는 데 실망한 라이토는 우연히 사신이 떨어뜨린 '데스노트'를 줍게 되죠. 노트를 사용하는 방법은 간단합니다. 바로 데스노트에 노트의 주인이 죽이려 하는 사람의 이름을 쓰고, 그 사람의 얼굴을 알면 그 사람은 죽게 되는 것이지요. 갑자기 범죄자들이 죽어 가는데 범인은 전혀 알 수 없게 되자 경찰청은 이 의문의 범죄자에게 '키라'라는 별명을 붙입니다. 그러고서 키라를 잡기 위해 전담 팀을 구성하고 명탐정 'L'의 도움을 요청합니다.

탐정 L은 전 세계의 범죄자들이 갑자기 심장 마비로 죽는 이 사건에 대하여 하나씩 추리해 나가기 시작합니다. 먼저 L은 이 사건이 우연히 일어난 사건인지 누군가에 의해 의도적으로 발생하는 살인 사건인지 살펴봅니다. 그리고 이 사건은 범죄이고 결코 우연히 일어난 사고는 아니라고 말하죠. 이 이유로 바이러스 사망자와 같이 자연계에서 일어나는 일은 완만한 산 모양의 정규분포 형태를 띠지만 이 사건의 분포는 불규칙적으로 나타나는 분포임을 보여 줍니다. 이 분포를

보아 이것은 자연 현상이 아닌 누군가에 의한 살인 사건이라는 것을 설명합니다.

두 번째로 사건의 발생 가능성을 검토해 봅니다. 범죄자를 대상으로 한 첫 사건이 일본에서 일어났으므로 범인은 일본에 있을 가능성을 97%로 계산했죠. 그리고 범인이 단체가 아니고 개인이라는 것도 추론합니다. 범인의 인원수와 성공률에 대한 막대그래프를 보여 주면서 집단 범죄일수록 낮은 성공 가능성을 얘기하죠. 이 사건은 전 세계적으로 일어나고 있어 공범이 최소 80명이 필요하지만 공범 80명의 범죄 성공률은 0%임을 얘기하면서 이 사건의 범인은 집단이 아니라 개인이라고 추정합니다.

세 번째로 범인이 거주하는 지역을 좁혀 나갑니다. 보통 문제 접근 방법론에서 '아닌 부분'을 제외해 나가는 방식이죠. 예를 들어 자동차가 고장이 났다면 먼저 배터리, 엔진, 브레이크 등과 같이 자동차 부품을 하나씩 살펴보면서 이상 여부를 점검하는 것입니다. 이상 없는 부품은 자동차 고장의 원인에서 제외시켜 나가는 겁니다. 탐정 L은 범인의 사는 지역을 추리하기 위해 특정 지역에만 내보내는 TV 방송을 통해 범인이 살고 있는 지역을 좁혀 낼 수 있었습니다.

네 번째로 일어난 사건의 자료를 분석하여 패턴을 도출해 내는 것입니다. 키라의 범행 요일과 시간을 분석해 특정 시간대에만 범행이 일어나는 것을 파악합니다. 그 사건이 일어나는 분포가 대학생의 수업 시간 분포와 비슷하다는 사실을 알고, 이를 토대로 키라가 학생일 가능성이 크다는 것을 알아내죠. 또한 이런 얘기가 오고 간 뒤에 사건이 발생하는 패턴이 바뀌자, 내부 정보를 접할 수 있는 경찰 내부인이나 관계인으로 범인을 추리합니다.

〈데스노트 2〉에서는 새로운 키라가 나타나고 키라로 의심받고 있던 라이토는 데스노트를 버립니다. 데스노트를 버리면 이와 관련된 기억을 모두 잊어버리게 됩니다. 이렇게 해서 명탐정 L과 같이 일하게 된 라이토는 새로운 키라의 데이터를 분석하고 키라가 두 명임을 추리하며 다음과 같이 말합니다.

"인간은 타인의 흉내를 내려 해도 완벽하게 똑같이는 못 해요. 버릇이나 자기만의 특성을 완전히 숨길 수는 없죠."

그리고 여러 증거를 들어 원래 키라와 지금의 키라가 다른 인물임을 얘기합니다. 새로운 키라는 매스컴에서 다룬 사건만 주로 심판하고, 여성 문제에 관심이 많아 보이며, 특정 보도 기관에서 다루는 사건과 관련이 깊다는 사실을 분포의 차이를 통해 보여 줍니다. 이처럼 탐정 L과 라이토의 추리 과정을 살펴보면 우리는 어떤 문제에 직면했을 때 접근하는 방법을 알 수 있습니다.

이 중에서 우리가 가장 놓치기 쉬운 부분이 바로 우연인지 아닌지에 대한 판단입니다. 우연이란 인과 관계나 공통 원인을 가질 가능성이 적어 보이는 사건들이 2개 이상 일어남을 얘기합니다.

우리의 생각은 늘 패턴이나 인과 관계를 따지는 습관이 있어서 어떤 현상을 분석하면서 우연에 대해서는 전혀 고려하지 않습니다. 그래서 우리는 우연으로 일어난 일을 필연적인 일로 생각하는 경우가 생각보다 많습니다. 이와 관련된 옛날이야기가 있습니다. 농부가 일을 하고 있는데 토끼가 뛰쳐나와 나무 그루터기에 부딪힌 것을 목격했습니다. 그날 엉겁결에 잡은 토끼 고기를 맛있게 먹은 농부는 이렇게 생각했습니다. 열심히 농사짓지 않아도 그 나무 그루터기에 기다리고 있으면 계속 토끼를 잡을 수 있다고 말입니다. 그래서 그날부터 농부는 일하지 않고 그루터기 옆에 앉아 토끼가 나무 그루터기에 부딪히기를 기다리기만 했습니다.

농부는 우연히 일어난 일을 필연적으로 일어나는 일로 판단하여 잘못된 의사결정을 하고 만 것입니다. 이것은 생각보다 우리가 많이 저지르는 실수입니다. 흔히 '징크스'를 떠올려 볼 수 있답니다. 검은 고양이를 본 날, 경기에서 홈런을 친 선수가 그 뒤로 검은 고양이를 보면 홈런을 친다고 생각하게 되는 경우가 적지 않습니다.

이렇게 인과 관계가 성립되지 않는 것에 대해서 믿음이 강해지는 이유는 사람들은 자신이 믿는 이론을 뒷받침하는 증거와 사건에만 주목하고 반례를 무시하는 경향이 있기 때문이죠. 바로 보고 싶은 것만 보는 현상입니다. 우리에게 필요한 것은 바로 실재하는 인과 관계 패턴과 그렇지 않은 패턴을 구별하는 능력입니다.

빅데이터에서 정보를 얻는 방법

빅데이터 활용 사례가 늘어나면서 점차 모든 의사결정이 데이터를 토대로 하는 데이터 기반 사회가 되고 있습니다. 데이터 기반 사회에서는 정보를 남보다 먼저 획득하고 활용할 줄 아는 능력이 주목받습니다. 그렇다면 빅데이터에서 어떻게 정보를 획득할 수 있을까요. 빅데이터를 사람의 손으로 직접 분석하는 것은 매우 어렵습니다. 따라서 다양한 분석 기법이 개발되고 있습니다.

대표적으로 데이터 마이닝 분석 기법이 있습니다. 마이닝(mining)은 광산에서 광석을 캐낸다는 뜻의 영어로, 대규모로 저장된 데이터 안에서 체계적이고 자동으로 통계적 규칙이나 패턴을 찾아내는 방법입니다. 세부 기법으로는 유사한 데이터를 그룹으로 묶어 주고 그룹별로 특성을 파악하는 '군집 분석', 사회적 관계의 연결을 분석해 주는 '연결망 분석', 항목 간의 관계나 종속 관계를 찾아내는 '연관성 분석', 인간 뇌의 원리를 응용한 추정 방법인 '인공 신경망', 나뭇가지처럼 분류를 통하여 패턴을 찾아내는 '의사결정나무 방법'이 있습니다.

그 외 기계 학습, 인공지능 등 다양한 분석 방법이 활용됩니다.

'기계 학습'은 데이터 마이닝이나 기타 학습 알고리즘을 사용하여 지식을 추출하고 이를 기반으로 비슷한 상황일 때 미래 사건의 결과를 예측하는 컴퓨터 프로그램입니다. 예를 들어 출퇴근 시간대에 발생하는 교통량 추세를 예측하는 일이나, 아마존 사이트를 방문하는 고객이 구매할 가능성이 높은 상품을 예측하는 경우에 사용하는 프로그램이지요.

인공지능은 기계 학습을 넘어 추론 능력이 있는 시스템을 의미합니다. 말 그대로 인공적인 인간의 지능인 셈입니다. 어떤 A라는 정보가 있다면 다른 데이터 속에 있는 A와 비슷한 사례를 분석하여 A의 의미를 추측하고 가정하는 방식입니다.

이렇게 기술의 발달로 많은 분석 방법이 개발되고 있지만, 기본적으로 데이터에서 정보를 얻기 위해서는 다음과 같은 방법으로 많이 접근합니다. 먼저 데이터 분석을 통해 '무엇을 알고 싶은지 문제를 정의해야 합니다.' 특히 빅데이터는 데이터가 생성된 상황이므로 문제를 구체화하지 않으면 어떤 데이터가 필요한지, 이 데이터로 어떤 분석 방법에 접근해 볼지 알기가 어렵습니다. 잘못하면 데이터의 바다에 빠져 허우적거리다가 시간만 보낼 수 있습니다.

문제에 대한 접근 방향이 정해졌으면 먼저 데이터를 통해 '어떤 현상이 일어났는지 파악합니다.' 일반적으로 기간별 변화나 그룹별 차이, 자료의 특징 등을 파악합니다. 기본적으로 우리가 쉽게 아는 평균, 표준 편차, 그래프, 교차 분석 등을 활용하죠. 이를 통해 그룹별로 어떤 특징이나 차이점이 나타나는지 파악해야 합니다.

그다음 살펴보아야 할 것은 '이런 현상들이 왜 일어나는지 그 이유를 파악해야 합니다.' 주로 연관성이나 상관 관계 등을 통해 두 변수 사이에 어떤 관계가 있는지 파악할 수 있습니다. 예를 들어 비만 원인을 알려면 음식 선호 유형, 식사량, 식사 횟수, 수면 시간, 운동량, 유전 영향 등과의 관계를 알아내는 것입니다. 이를 통해 비만이 어떤 변수에 얼마만큼 영향을 받는지 알 수 있습니다.

이런 연관성이나 상관 분석을 통해 예측 모형을 개발하면 앞으로 일어날 일에 대하여 미리 그 가능성을 확인할 수 있습니다. 이런 모형을 통해 문제의 발생을 최소화하거나 이익을 극대화할 수 있는 최적의 방법을 알아내는 것입니다.

이러한 과정을 거쳐 우리는 최종적으로 어떤 처방을 내릴지를 판단합니다. 예를 들어 나의 어떤 생활 습관이 비만 가능성을 높이는지 파악하고 비만의 가능성을 낮추기 위해 어떤 변화가 필요한지 진단할 수 있습니다.

비정형 데이터는 무엇인가?

데이터는 크게 정형 데이터와 비정형 데이터로 나눌 수 있습니다.

정형 데이터는 데이터베이스의 정해진 규칙이나 형식을 지닌 숫자나 문자 형태를 의미합니다. 예를 들어 '성별'이라는 컬럼에 '남, 여',

'나이'라는 컬럼에 '16, 23'이라는 숫자와 같은 것입니다.

비정형 데이터는 텍스트 · 음성 · 영상과 같이 정해진 규칙이 없어서 값의 의미를 쉽게 파악하기 힘든 데이터 형태입니다. 비정형 데이터의 예로는 책, 저널, 문서, 건강 기록, 오디오, 비디오, 아날로그 데이터, 이미지, 파일뿐만 아니라 이메일 메시지나 웹 페이지, 도표나 그림이 포함된 문서, 채팅, 이메일, SMS, 팩스까지 그 범위가 폭넓습니다. 현재 빅데이터의 80% 이상이 비정형 데이터입니다. 따라서 빅데이터 분석은 이런 비정형 데이터 분석에 많은 비중을 둡니다. 비정형 데이터를 분석하기 위해서는 정제 과정을 통해 정형 데이터로 만들고 난 다음에 분석을 시행한다고 보면 됩니다.

주로 사용되는 비정형 데이터 분석 기술에는 텍스트 마이닝, 오피니언 마이닝, 소셜 네트워크 분석, 군집 분석 등이 있습니다.

'텍스트 마이닝' 기술은 텍스트에서 유의미한 단어를 추출하여, 단어의 출현 빈도, 단어 간 관계성, 단어의 동시 출현 정보를 추출하는 기술입니다. 이런 기술을 활용하여 번역 작업이나 자동 질의응답 시스템, 텍스트 요약, 검색 기능과 같은 기술을 구현할 수 있습니다.

'오피니언 마이닝'은 텍스트에 나타난 단어의 감성, 뉘앙스, 태도 등의 정보를 분석해 긍정, 부정, 중립의 감성값으로 수치화하는 기술입니다. 즉 문장에서 감성값을 추출하여 정보를 얻습니다. 이런 감성값을 분석하면 어떤 상품이나 정책에 대한 평가를 효과적으로 파악할 수 있습니다. '소셜 네트워크 분석'은 SNS 서비스, 블로그 등의 댓글이나 게시판을 분석하여 제품의 평가를 찾아 마케팅에 활용하거나 영향력이 강한 사람이나 그룹을 찾는 데 활용합니다.

그 외에 채널별로 특정 이슈어를 언급한 추이를 분석하여 특정 이슈의 특이점을 파악하는 '언급량 분석'이 있습니다. 알고 싶은 분야와 관련된 특정 단어가 시간, 장소, 상황(예: 어버이날), 브랜드, 고객층에 따라 어떻게 나타나는지 파악할 수 있습니다. 예를 들어 선거 캠페인을 수행한 시간의 전후를 분석하여 어떤 수치 변화가 있었는지, 긍정·부정이 어떻게 바뀌었는지를 알아보며 캠페인의 효과를 파악하고, 전략을 수립할 수 있습니다.

미래 사회에 필요한 능력, 데이터 리터러시

대부분 빅데이터 기술이라고 하면 많은 사람들이 분석 도구를 잘 다룰 줄 아는 능력이라고 생각합니다. 스포츠에서 프로는 기본기가 탄탄해야 한다는 말이 있습니다. 빅데이터에서 기본기가 중요한데, 바로 데이터 관점에서 문제를 바라보고 그 안에 숨은 맥락을 발견해내고 해석해내는 능력입니다. 얻은 정보에 대해서 무조건 수용하기보다는 정보가 믿을 만한지, 의미가 제대로 해석되어 있는지를 판단할 수 있어야 합니다. 이렇게 쏟아지는 정보를 제대로 이해하기 위해서는 데이터의 측정 배경, 방법, 기준, 표현 방법 등에 대한 비판적인 지식이 필요합니다. 이러한 능력을 '데이터 리터러시(data literacy)'라고 말합니다. 데이터 리터러시는 데이터를 추출할 수 있는 능력, 그 안에 숨겨진 의미를 파악하는 능력, 그리고 분석 내용에 대해 잘 전달하는 능력을 의미합니다. 즉 데이터를 활용해 문제를 해결하고 새로운 가치를 만들어 낼 수 있는 역량을 말합니다. 구글의 수석 경제학자 할 베리안은 어떤 비즈니스에 종사하든 앞으로 10년간 가장 중요한 비즈니스 역량으로 데이터 분석 활용 능력을 꼽았습니다.

만일 정보를 잘못 이해하거나 오류가 있는 통계에 대한 판별력이 없거나, 원하는 데이터를 찾아 정보를 얻어 내지 못한다면 데이터 리터러시가 부족하다는 뜻이 되겠지요.

그렇다면 데이터 리터러시를 어떻게 키워 나갈 수 있을까요? 데이

터 리터러시에는 데이터 기획, 데이터 수집, 데이터 정제 및 분석 능력, 해석 및 전달 능력이 포함됩니다.

먼저, 데이터 기획은 무엇을 할지, 왜 하는지, 원하는 자료를 어떻게 얻을지 결정하고 주어진 목표를 달성하기 위해 구체적인 절차나 순서를 정합니다. 또 무엇을 찾기 위한 분석인지를 정의하고 이를 분석하는 데 필요한 데이터가 무엇인지 제대로 정의할 줄 알아야 합니다.

데이터 수집 단계에서는 무엇을 수집할 수 있는지, 활용이 가능한지를 파악해야 합니다. 또 개인 정보 보호나 저작권 문제는 없는지 확인해야 합니다. 일반적으로 필요한 자료는 실험과 관찰, 조사, 데이터 판매 기관 등을 통하여 수집합니다. 이렇게 데이터를 수집한 후에는 데이터 구조를 파악해야 합니다.

데이터 정제 및 분석은 데이터를 목적에 맞게 활용하기 위해 데이터 형태를 변환하고, 빈 곳이나 오류가 있는 데이터를 교정해 주는 것입니다. 또 데이터를 목적에 맞게 결합하거나 나누는 작업을 수행합니다. 이렇게 자료가 정리되면 R, SAS, 파이썬, SPSS와 같은 전문 도구를 이용해 분석하여 의미 있는 결과를 도출해냅니다.

해석 및 전달 능력은 데이터에서 가치를 뽑아내고 그것을 스토리화, 시각화시켜 전달하고 설득하는 능력입니다. 이 부분은 인포그래픽과 설득 파트에서 자세히 설명했습니다.

알고리즘이 모든 것을 결정한다

—

〈인셉션〉

가장 생존력 높은 기생충은 뭘까?

박테리아? 바이러스? 장에 있는 기생충?

바로 생각이야.

강한 생존력과 전염성을 가지고 있지.

일단 머릿속에 생각이 자리 잡으면 뿌리를 뽑는 것은 거의 불가능해.

그 생각은 점차 자라나서 그 사람의 사고방식이 되고 그렇게 굳어지게 되지.

_영화 〈인셉션〉 중에서

영화 〈인셉션〉은 생각에 대한 영화입니다. 〈메멘토〉를 연출한 크리스토퍼 놀란 감독의 영화로 복잡한 구조와 열린 결말 그리고 화려한 볼거리로 많은 화제를 모은 작품입니다. 꿈을 통해 상대방의 생각을 훔치고 더 나아가 생각을 조정할 수 있다는 이 기발한 이야기는 몇 번을 보아도 질리지 않습니다.

다른 사람의 꿈속에 들어가 정보를 훔치는 일을 하는 코브는 일본인 기업가 사이토에게 특별한 제안을 받습니다. 아버지의 죽음으로 기업을 물려받은 피셔가 기업을 분할시키게 만들면 코브의 살인 혐의를 없애 주어 그가 다시 가족 품으로 돌아갈 수 있게 해주겠다는 제안입니다. 즉 피셔의 꿈에 침투해 새로운 생각을 심는 '인셉션'을 해달라는 것이죠.

인셉션은 누군가의 무의식 깊은 곳에 어떤 생각을 완전히 뿌리내려 그것이 진짜 본인의 생각이라고 믿게 만드는 작업입니다. 마치 코끼리를 생각하지 말라고 얘기하면 계속 코끼리를 생각하게 되는 현상과 비슷합니다.

코브는 이미 인셉션을 한번 시험해 본 적이 있었습니다. 그 대상은 바로 그의 아내 멜이었습니다. 코브와 아내 멜은 꿈을 통해 여러 가지 실험을 했었습니다. 코브는 그 과정에서 현실 세계의 기억으로 꿈속 세계를 건설하면 안 된다는 사실을 알게 됩니다. 왜냐하면 자신의 기억으로 꿈속 세계를 만든 멜은 결국 현실 세계와 꿈속 세

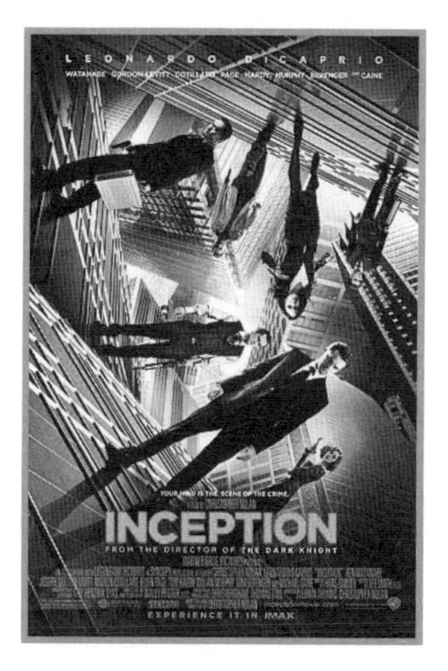

| 영화 〈인셉션〉 포스터

계를 구분하지 못하게 되었기 때문입니다.

코브는 멜에게 이 세계는 가짜이고 현실 세계로 돌아가기 위해서는 죽어야 한다는 생각을 심어 놓습니다. 꿈속 세계에서 죽고 나면 다시 현실로 돌아오는 것이지요. 이러한 생각 실험을 여러 번 경험한 멜은 결국에는 현실 세계마저 부정하게 됩니다. 그리고 현실 세계를 꿈이라고 착각해서 자살하고 맙니다. 자신이 잘못 이끌어서 그녀가 죽었다고 코브는 죄책감을 느낍니다. 그런 죄책감 때문에 코브의 꿈에서는 언제나 멜이 나타나 무의식 세계인 림보에서 자신과 살아갈 것을 강요하며 일을 방해합니다.

극중에서 꿈속은 현실보다 시간이 더 길어집니다. 현실에서 5분이 꿈속에서 1시간에 해당하지요. 특제 약물을 사용하면 그 시간을 20배까지 길어지게 할 수 있습니다. 이렇게 되면 현실에서 10시간이 꿈속에서는 1주일, 꿈속에서 또 꿈을 꾸는 2단계 꿈에서는 6개월, 그 꿈속에서 다시 꿈을 꾸는 3단계에서는 8.7년의 시간과 같습니다. 그리고 무의식의 세계에서는 186년의 시간이 흐릅니다.

코브와 함께 팀을 이룬 사람들은 피셔의 꿈에 침투해 인셉션을 시도하지만, 피셔는 이렇게 꿈에 침투해서 정보를 캐가는 사람들을 막기 위해 방어 훈련이 되어 있었습니다. 그래서 마치 바이러스가 침투하면 몸이 방어하는 것처럼, 요원들이 침투한 일행들을 공격합니다.

1단계 꿈에서 피셔를 납치하지만 피셔의 자의식이 이들을 공격합니다. 코브와 팀원들은 이리저리 도망을 다니다가 결국 다리에서 움직일 수 없게 되자 차를 강물로 떨어뜨려 꿈에서 깨는 방법을 선택합니다. 다리에서 떨어지는 그 짧은 순간 동안에 2, 3단계 꿈에서 인셉션을 성공시켜야 합니다. 이런 3단계를 거치는 복잡한 꿈의 설계를 통해 코브는 피셔의 의식 속에 아버지가 자신과는 다른 길을 피셔가 가길 원한다는 생각을 심어 놓는 데 성공합니다.

영화 속 주인공들이 겪는 일들을 보면 우리의 머릿속 생각 과정이 정말 간단치 않다는 것을 알 수 있습니다. 피셔가 회사를 분할한다는 생각을 하게 하려고 단계 속 단계를 들어가 생각 설계를 할 정도로 어렵고 복잡한 과정을 거쳐야만 했지요. 이처럼 우리가 순간적으로 드는 생각 같지만, 그 생각의 과정은 아주 복잡합니다. 예를 들어 우리는 단순히 아침에 일어나 학교에 간다는 생각을 합니다. 그런데 만약 이 생각을 컴퓨터에 알려 주려면 어떤 과정이 필요할까요.

먼저 세수를 하고 아침을 먹고, 가방에 준비물을 확인하고 현관문을 열고, 엘리베이터를 타고 내려갑니다. 그리고 학교가 어디에 있는지 위치를 확인하고 걸어갈 것인지 버스 혹은 지하철을 이용할 것인지 아니면 운전해서 갈 것인지 판단해야 합니다. 버스를 이용하려면 버스 요금을 어떻게 지급하고 어떤 버스를 타고 어디에서 내려야 할지 판단해야 합니다.

학교에 가는 이런 단순한 생각에도 많은 절차와 선택이 숨어 있습니다. 이러한 문제 상황들에서 적절한 선택으로 해결을 이끌어 나가는 과정을 바로 '알고리즘'이라고 합니다.

빅데이터를 통해 알고리즘을 만들고 예측한다

'알고리즘'이라는 말은 페르시아의 수학자 '무함마드 알콰리즈미'라는 이름에서 유래했습니다. 알콰리즈미는 2차 방정식을 푸는 근의 공식과 인수분해 등을 개발해서 수학 발전에 큰 공을 세웠습니다. 알고리즘은 이 알콰리즈미의 저술이 유럽에 소개되면서 발음이 변해서 생긴 말입니다.

최초의 수학 알고리즘은 바그다드 인근에서 발견된 4000년 전 수메르 점토판에 나눗셈하는 방식이 적혀 있는 기록이라고 합니다. 또한 최초의 컴퓨터 원리를 개발한 앨런 튜링은 계산 단계들을 꼼꼼히 따라가서 실수 없이 정답을 내놓는 인간 수학자를 유추함으로써 컴퓨터 연산 개념을 정의했지요.

즉 알고리즘은 어떤 문제를 푸는 일련의 단계들을 의미하며 주어진 문제를 논리적으로 해결하기 위한 절차입니다. 그동안의 경험이나 규칙, 패턴을 컴퓨터에 프로그램으로 심어 놓은 것이지요. 빅데이터는 이 알고리즘을 만들기 위한 재료가 됩니다. 복잡한 빅데이터 속에서 패턴을 찾고 그 패턴을 알고리즘으로 구현하여 다양한 예측에 활용합니다.

미래 예측의 슈퍼스타로 불리는 예측 분석가 '네이트 실버'는 빅데이터 관점에서 보면 인간의 행동은 대부분 유형화되어 있다고 말합니다. 따라서 빅데이터를 통해 알고리즘을 구현할 수도 있는 것입니다. 이렇게 구축된 알고리즘을 통해 사람들은 상황에 맞는 최적의 결과를 얻는 방법이 무엇인지 판단할 수 있다고 합니다. 우리의 모든 생각과 행동은 알고리즘 안에 존재하는 세상이 다가오고 있는 것입니다.

예를 들어 어떤 기업에서 신입 사원 이력서를 받을 때도 알고리즘을 활용할 수 있습니다. 회사에 입사해서 우수 사원으로 평가받는 사람들과 빨리 퇴사하거나 문제 사원으로 분류된 직원들의 이력서를 토대로 채용 알고리즘을 만듭니다. 알고리즘을 이용해 이력서를 검토하면 이력서에서 발견된 어떤 공통점을 토대로 지원자가 나중에 우수 사원으로 될 가능성이 큰지를 손쉽게 평가할 수 있기 때문입니다. 실제 미국 기업들은 대부분 이력서를 평가하는 데 자동 심사 시스템이라는 알고리즘을 활용하여 이력서의 72%를 걸러 낸다고 합니다.

이런 알고리즘은 우리 생활에서 흔히 이용하는 정보 검색이나, 미래의 범죄자를 예측하거나, 영화나 음악 혹은 책을 추천해 주거나, 결혼 상대를 찾거나, 주식을 거래하거나, 직업을 탐색하는 일 등에서 많이 활용되고 있습니다.

로봇 저널리즘, 기사를 작성하는 알고리즘

매일 보는 신문 기사도 이런 알고리즘으로 작성할 수 있습니다. 로봇이 쓰는 기사를 두고 이른바 로봇 저널리즘이라 부릅니다. 로봇 저널리즘의 역사는 1977년으로 올라갑니다. 당시 미국 캘리포니아대학교 정보컴퓨터과학과 제임스 미한 교수는 '테일스핀(Tale Spin)'이라는 이야기 자동 제작 프로그램에 대한 논문을 발표했고 이를 컴퓨터 프로그램으로 만들었습니다. 이에 관한 연구가 지속되어 2030년까지 90%의 기사가 알고리즘 저널리즘(로봇 저널리즘)에 의해 대체될 수 있다고 예측합니다. 그럼 어떻게 알고리즘이 기사를 쓸 수 있을까요?

먼저 알고리즘이 기사를 쓰려면 필요한 데이터를 수집하여 분석해야 합니다. 그래서 알고리즘 저널리즘은 주로 수치와 같은 표준화된 데이터를 얻기 쉬운 영역에서 활용도가 높습니다. 이를테면 스포츠나 날씨, 증권 영역에서 활발히 활동합니다.

두 번째 단계에서는 통계적인 방법론을 활용합니다. 예를 들어 스포츠 경기에서 전일 대비 오늘 경기 결과에서 큰 변화치를 보인 변수를 알고리즘으로 계산합니다. 예를 들어, 오늘 류현진 투수가 삼진을

전 경기 대비 100% 더 잡았다는 내용을 체크할 수 있습니다. 이 데이터가 뉴스거리로 얼마만큼 가치가 있는지 알고리즘을 통해 판단합니다. 그 결과, 기사의 중요도를 1~10까지 분류합니다. 이런 과정을 통해 '류현진 완벽한 승리를 하다'와 같이 주제를 뽑아냅니다.

주제가 확정되면 그에 맞춰 근거가 되는 데이터를 연결합니다. 이를 통해 선수명, 구단명, 경기 장소, 경기 결과 등 주요 데이터가 추려집니다. 그리고 기사 관점과 핵심 요소에 따라 '기사 작성 알고리즘'을 통해 기사를 작성합니다.

만약 특정 사건이 너무 자주 발생하면 '높은 경향이 보인다'라고 붙이고, 거의 발생하지 않은 일이 생기면 '예상하지 못한'이라는 수식어를 붙이는 방식을 통해 기사의 현장감을 부여합니다.

2015년 한 조사 회사에서 일반인 독자와 기자들을 대상으로 알고리즘을 통해 작성된 기사 2건과 인간 기자가 작성한 기사 3건에 대한 인식을 조사한 적이 있었습니다. 누가 쓴 기사라고 생각하는지를 물었을 때 작성자를 맞힌 정답률은 일반인 46.1%, 기자 52.7%에 지나지 않았다고 합니다. 그만큼 구분하기 힘들 정도로 로봇의 기사 작성 알고리즘이 발전해 있습니다. 그 결과 LA 타임스, AP통신, 영국 신문 가디언, 포브스 등 미국과 영국을 중심으로 알고리즘 저널리즘을 활용하는 언론사가 늘어나는 추세입니다.

내가 무엇을 좋아할지 추천해 주는 알고리즘

유튜브를 실행하면 흥미 있는 영상 목록이 나열되어 있는 것을 볼 수 있습니다. 원래 보려고 했던 콘텐츠 옆에 추천 동영상 리스트가 뜨는 것을 보게 되지요. 다시 그것을 보고 나면 또 다른 영상을 추천받습니다. 이것은 내가 그동안 시청하고 검색한 데이터를 바탕으로 분석하고 추천한 결과입니다.

유튜브 시청 목록 중 70~80% 정도가 추천 알고리즘에 의해 시청된 거라고 하네요. 유튜브는 이런 추천 시스템이 도입되면서 총 비디오 시청 시간이 20배 이상 증가했다고 밝혔습니다.

추천 알고리즘은 넷플릭스 역시 유명합니다. 그 방법을 살펴보면 콘텐츠 선호도, 찾는 속도, 재시청 비율, 사용 기기, 데이터 환경, 좋아요 · 싫어요, 중간정지 여부, 요일 · 날짜 · 시간, 재생 중 정지 · 되돌리기 · 빨리감기 지점 등과 같은 다양한 정보를 추출합니다. 이런 정보를 통해 비슷한 패턴의 행동을 보인다면 같은 프로파일링 그룹으로 묶어 나갑니다.

또 수많은 콘텐츠를 태그로 만듭니다. 영상의 분위기를 묘사하는 형용사부터 국가 · 지역, 장르, 시대적 배경, 스토리 등과 같은 다양한 태그를 만들지요. 이 태그를 통해 개인이 선호하는 콘텐츠를 찾는 알고리즘을 만들고 그 콘텐츠를 우선으로 추천해 주는 것입니다. 이 추천 시스템의 활약이 어마어마해서 넷플릭스 매출의 75%가 추천 시스템에 의해 발생한다고 하네요.

증권 거래 알고리즘

주식에서는 어떻게 알고리즘에 따라 매매가 이루어질까요? 우선 주가의 움직임을 수학적으로 분석합니다. 이것을 잘 설명하고 예측할 수 있는 수학적 규칙(알고리즘)을 만들어, 매매 시기와 가격, 수량 등 주문 내용을 결정하고, 호가 제출까지 컴퓨터로 자동화해서 거래하지요.

이러한 주식 알고리즘을 써서 인간은 불가능한 속도로 주식 거래를 할 수 있습니다. 수학적 예측 모델에 따라 타이밍, 가격, 수량을 조정하고 실제 1000분의 1초 단위로 빠르게 거래해 수학적으로 수익을 내도록 하는 프로그램입니다. 한 번 실행할 때는 작은 수익을 얻지만 하루에 수백 · 수천 번 이상 실행하면 결과적으로 높은 수익을 남기게 된답니다.

증권 시장에서는 수많은 정보를 자동으로 취합해 빠르게 분석할 수 있는 능력을 갖춘 알고리즘 매매가 점점 인간을 대신하고 있습니다. 속도도 빠르고 무엇보다 감정에 휩쓸리지 않는 냉정함이 큰 장점이 됩니다. 현재 미국 월가의 성공한 매니저 가운데 대부분은 컴퓨터 기반의 알고리즘 트레이딩 전문가들이라고 합니다. 따라서 증권사와 자산운용업계에서 수학과 통계, 전산학 인재를 선호하는 추세가 두드러지고 있습니다.

이렇게 정해 놓은 규칙대로 착착 진행되니, 컴퓨터가 내놓은 알고리즘 결과는 무조건 신뢰할 수 있을까요? 한 가지 문제가 있습니다. 알고리즘 역시 인간의 행동과 생각을 바탕으로 생성된 빅데이터로 만들어진다는 것입니다. 알고리즘은 사람의 행동 결과를 통해 학습되므로 인간의 편견이나 사고방식을 그대로 따라 할 가능성이 큽니다.

구글 포토 서비스에서 흑인을 고릴라로 인식하여 문제가 된 일이 있었습니다. 사진을 자동으로 분류하고 태그를 다는 기능에서 흑인을 고릴라로 인식한 것입니다. 이러한 결과가 생긴 이유는 주로 백인들의 사진 데이터를 통해 사람의 모습을 학습했기 때문이었습니다.

또 아마존은 2014년에 인공지능 이력서 필터링 시스템을 도입했습니다. 좋은 인재를 보여 주는 5만 개의 단어를 인공지능이 학습했고, 이를 통해 이력서를 검토했지요. 그 결과, 여성이라는 단어에 감점을 주어 특정 여대 졸업생은 배제했다고 합니다. 그 원인을 분석해 보니 아마존은 소프트웨어 개발 회사로 10년간 선발된 사람 대부분이 남성이었습니다. 결국 우수한 남성들의 데이터가 많이 생성되었고 이를 학습한 인공지능은 자연스럽게 남성 위주의 평가 알고리즘이 만들어진 것입니다. 결국 아마존은 이 채용 시스템을 폐기했습니다.

미국에서 데이터과학자로 일하는 캐시 오닐은 인텐트 미디어에서 빅데이터 알고리즘을 설계합니다. 그는 이 일을 통해서 알고리즘이 인간의 편견, 오해, 편향성을 코드로 만들어 내고 이 코드들이 점점

우리의 삶을 지배하고 있다는 사실을 깨달았습니다. 이에 알고리즘의 위험성을 측정하는 기업을 설립하고 『대량살상 수학무기』란 책을 써서 빅데이터의 위험성을 알리고 있습니다.

캐시 오닐은 오늘날 사회에서 승자가 되려면 기계 문지기를 통과해야 한다고 말합니다. 우리의 생계 활동이 이 기계 문지기를 설득하는 것에 크게 휘둘리기 때문입니다. 예를 들어 호텔이나 자동차 정비소와 같은 사업체가 성공하기 위해서는 네이버나 구글에서 검색 결과가 얼마나 상단에 위치하느냐에 따라 달려 있지요. 알고리즘을 통해 채용하고 승진하고 정리 해고 대상자를 추려 내는 사회가 다가오고 있습니다.

사람들은 이제 기계 알고리즘이 좋은 결과를 도출하는 조건을 알아내야만 승리를 거머쥘 수 있을 것입니다. 오닐의 말처럼 어쩌면 인간이 기계에 아부해야만 살아남는 시대가 되어 가는지도 모릅니다.

딥러닝, 학습을 통하여 세상을 가진다

—

〈엣지 오브 투모로우〉〈어벤져스 : 인피니티워〉

오메가에게는 시간을 통제하는 능력이 있어.

알파가 죽으면 자동적으로 작동이 시작되지, 하루를 다시 시작하는 거야.

네가 경험했듯이 앞으로 무슨 일이 일어날지 기억할 수 있지.

우리가 무엇을 하려고 하는지 정확히 알고 있는 거야.

미래를 아는 적을 절대 이길 수 없어.

_영화 〈엣지 오브 투모로우〉 중에서

영화 〈엣지 오브 투모로우〉는 반복되는 시간에 빠진 남자에 관한 이야기입니다. 영화의 이야기를 살펴볼까요?

미믹이라는 외계인이 지구를 침공해 오고 지구는 멸망의 위기에 놓이게 되죠. 홍보 담당으로 전투 경험이 전혀 없는 빌 케이지는 전쟁을 취재하라는 상관의 명령을 거부하다 일반 보병으로 강등당한 채 전투에 강제 투입됩니다. 외계인의 공격에 어쩔 줄 몰라 허둥대던 빌 케이지는 미믹 알파가 공격해 오자 자폭하여 알파의 피를 뒤집어쓰고 사망을 하고 말지요.

외계인은 서로 연결된 유기체와 같습니다. 미믹 오메가는 외계인 전체를 조정하는 중앙 뇌와 같은 존재이고 시간을 제어하는 능력을 갖고 있죠. 알파라는 특수한 개체가 있어서 알파가 죽으면 오메가는 시간을 되돌리게 됩니다. 그러다 보니 알파의 피를 뒤집어쓴 빌 케이지 역시 죽으면 다시 시간을 되돌리는 능력을 갖게 되었지요.

평범한 사람이었던 빌 케이지는 시간을 되돌리는 능력을 갖추고 나서 아주 막강해집니다. 그 이유는 죽고 난 뒤 다시 깨어나면 지난 일을 다 기억할 수 있는 학습 능력이 있기 때문입니다. 이 능력의 최대 장점은 반복된 삶을 통해 실패를 피하고 이기는 방법을 찾을 수 있다는 데 있습니다.

인간이 미믹과의 전쟁에서 이기려면 외계인 오메가를 찾아 죽여야만 합니다. 오메가와 연결된 알파와 같은 존재인 빌 케이지만이 오메가를 찾을 수 있습니다. 그는 수많은 죽음으로 얻은 학습 결과를 통해 결국에는 오메가를 찾아내고 물리칩니다.

이 영화의 재미는 빌 케이지가 수많은 죽음을 겪으며 점점 강한 전사로 거듭나는 과정을 지켜보는 데 있습니다. 해결할 수 없는 막다른 길에 도달하면 빌 케이지는 죽음을 선택해 과거로 돌아가서 새로운 시도를 해볼 수 있습니다. 이런 것은 마치 게임과 같습니다. 게임을

하다 보면 난이도가 높은 구간에서 보통 그 게임이 끝나게 됩니다. 게임이 끝나면 그 부분에서 어떻게 하면 극복할 수 있을지 구상해 보고 다시 시도하여 그 과정을 이겨 냅니다.

케이지가 외계인 미믹과의 전쟁에서 승리할 수 있었던 것은 바로 시간을 무한적으로 반복하며 학습할 수 있는 능력 때문입니다. 학습과 반복을 통해 완전함에 더 가까이 다가갈 수 있었죠. 이 과정은 바로 인공지능이 학습하는 과정과 흡사합니다.

2016년 바둑에서 이세돌 9단을 4:1로 이긴 인공지능 알파고의 승리 비법은 바로 이런 학습 능력에 있습니다. 알파고에 사용한 '딥러닝'은 인공지능의 학습 방법으로 엄청난 양의 바둑 기보를 학습한 후 실전을 통해 계속해서 알고리즘을 개선해 나가는 식으로 바둑 지능을 높입니다. 알파고는 바둑을 둘 때 짧은 시간에 수백만 번 시뮬레이션하여 승리 가능성이 가장 높은 수를 찾아내는 것입니다. 알파고는 인간은 도저히 불가능한 이런 학습 능력을 통해 이세돌 9단을 이길 수 있었던 것입니다.

인공지능이 똑똑한 비결은 바로 학습 능력

인공지능이란 컴퓨터 프로그램을 통해 인간처럼 이해하고, 추론하고, 사고하게 하는 방법입니다. 즉 무언가를 배움으로써 문제를 해결할 수 있는 인간의 능력을 모방하는 시스템이죠.

인공지능이 똑똑해지는 비결은 바로 인간이 도저히 따라 할 수 없는 학습 능력에 있습니다. 학습하는 속도와 집중력은 인간보다 인공지능이 월등합니다. 우리는 책 한 권을 읽으려면 최소 몇 시간을 투자해야 하죠. 그리고 24시간 내내 책을 읽을 수도 없습니다.

반면에 인공지능은 빠른 시간 안에 정보를 습득할 수 있고 잠을 자지 않고 며칠 동안 계속 그 작업을 할 수 있습니다. 일을 시킨다고 불평을 하거나 고민하지도 않습니다. 일하다가 도중에 커피를 마신다든가 화장실도 가지 않고, 친구를 만나거나 가족과 시간을 보내지도 않습니다. 오직 일만 합니다. 고용주 입장에서는 가장 이상적인 직원일 겁니다.

이런 인공지능의 학습 능력과 일 처리 능력 때문에 미래에는 많은 일자리가 인공지능으로 대체될 것으로 예상합니다. 2025년이 되면 전문직들이 눈에 띄게 인공지능으로 대체되기 시작하여 2045년부터는 의사, 변호사, 기자, 은행원 등 전문직의 80~90%가 인공지능으로 대체된다고 예상합니다.

현재 가장 많이 이야기하는 인공지능 기술인 머신러닝과 딥러닝에 대해 살펴볼까요?

머신러닝이란 데이터에서의 어떤 부분이 정답이라고 알려 주면 기계가 이를 학습하고 알고리즘을 만들어 새로운 데이터가 들어왔을 때 정답일 가능성을 예측할 수 있습니다. 예를 들어 동물 사진이 들어 있는 데이터를 주고 이 중에 어떤 것이 개, 고양이, 사자 사진인지 알려 줍니다. 그러면 컴퓨터는 이 사진들을 통해 개, 고양이, 사자의 특징을 파악하고 이를 분류할 수 있는 모델을 만들어 냅니다. 이 알고리즘을 통해 새로운 사진을 보여 주면 이것이 개, 고양이, 사자 중 어느 동물인지 구분할 수 있게 되는 것입니다.

딥러닝은 머신러닝처럼 학습 데이터를 주지 않고 마치 사람의 신경세포처럼 컴퓨터가 데이터를 스스로 학습하여 패턴을 인식합니다. 사람 머릿속에는 약 천억 개의 신경세포가 있고, 각 신경세포는 다른 천여 개의 신경세포와 마치 네트워크처럼 연결되어 있습니다. 어떤 자극이 많이 들어올수록 그 신호를 전달하는 신경세포들이 더 촘촘한 망을 가지게 됩니다. 예를 들어 자전거를 반복적으로 연습하면 이와 관련된 신경세포들이 강화되어 나중에 자연스럽게 자전거를 타게 되는 것과 같습니다.

딥러닝은 이러한 학습 원리를 응용하여 만들어졌습니다. 예를 들어 고양이를 학습한다면 눈 색깔과 모양, 몸 형태와 크기, 털 색깔, 귀의 위치, 입 모양과 같은 특징을 파악하고 이를 분류합니다. 그리고 학습을 통해 어떤 특징이 고양이를 잘 나타내는지 연결되는 곳에 가중치를 부여합니다. 마치 신경세포처럼 연결 고리를 만들어 가는 것이죠. 이런 학습을 거치고 나서 어떤 사진을 보여 주면 고양이인지 아닌지 판단할 수 있게 되는 것입니다.

따라서 막강한 인공지능을 가지려면 학습에 필요한 데이터를 얼마나 확보하느냐가 중요합니다. 많이 학습할수록 더 좋은 알고리즘을 만들 수 있습니다. 즉 빅데이터와 같이 데이터양이 많을수록 알고리즘 개발에는 더 좋은 환경이 되는 것입니다.

이런 반복 작업이 문제 해결에 얼마나 유리한지 보여 주는 영화가 있습니다. 바로 영화 〈어벤져스 : 인피니티 워〉입니다. 우주의 생명체의 절반을 없애려 하는 가장 강력한 적 타노스를 만나 어벤져스 멤버들이 지구를 지키는 이야기입니다. 하지만 천하무적일 것 같았던 어벤져스 멤버 아이언맨, 헐크, 토르, 캡틴 아메리카가 뭉쳐도 타노스를 이길 수가 없고, 결국 지구의 절반 인원이 사라지고 맙니다. 시간 이동이 가능한 타임스톤을 가진 마법사 닥터 스트레인지는 타노스와의 싸움에 앞서 1400만 번의 다양한 방법으로 타노스와 싸움을 시뮬레이션합니다. 그 결과, 단 한 번 이기는 경우를 발견했습니다. 그리고 남은 어벤져스 멤버들이 힘을 모아 그 한 번의 경우를 달성시켜 타노스를 무찌르지요. 인공지능은 사람으로서는 불가능한 이런 시행착오를 통해 최적의 상황을 찾아내는 타임스톤인 것입니다.

이러한 인공지능 방법도 그동안 수많은 과학자가 자연에서 패턴을 찾는 방법으로 발전시켜 온 통계적인 방법과 그 맥을 같이 합니다. 바로 수치화된 데이터를 기반으로 일종의 패턴을 찾아내는 것이죠. 기계를 통해 무수히 많은 시도를 하고 가장 최선의 결과를 끄집어내는 것입니다.

다시 말해, 기존의 통계 작업이나 분석 방법을 가지고 기계가 인간으로서는 불가능한 반복 작업을 통해 통계적으로 유의미한 값을 찾아내는 것이라고 얘기할 수 있습니다. 여기서 인공지능을 가르치고 인공지능이 찾아낸 값을 비판하고 활용하는 역할은 여전히 사람이 맡을 것입니다. 결국 아무리 인공지능 기술이 발달한다고 해도 인공지능의 성능을 높이고 관련 프로그램을 짜기 위해서는 사람의 지식이 필요합니다.

인공지능 단계

1단계 인공지능	세탁기, 청소기 등과 같이 단순 제어 기능을 가진 수준.
2단계 인공지능	적합한 판단을 내리기 위해 추론 · 탐색이 가능한 단계로, 심심할 때 컴퓨터와 두는 퍼즐이나 게임에서 컴퓨터가 물량을 생산하고 공격하거나 방어하는 기능을 예로 들 수 있습니다. 1단계는 사람이 행동할 방식을 정해 주지만 2단계는 게임과 같이 더욱 복잡한 기능을 스스로 수행할 수 있도록 프로그래밍되어 있습니다.
3단계 인공지능	사람이 정해 주는 것이 아니라 빅데이터를 통해 규칙 등을 학습하여 알고리즘을 만듭니다. 예를 들어 훔친 카드를 쓰는 사용자를 판별해 내는 알고리즘을 만들기 위해서는 사람이 컴퓨터에게 정상적인 카드 사용 케이스와 부정적인 케이스를 구분하여 학습을 시킵니다. 컴퓨터는 그 특징을 학습하고 판별하는 알고리즘을 만듭니다. 누군가 카드를 사용했을 때 이 판별 알고리즘을 통해 그 위험 가능성을 판단할 수 있습니다.
4단계 인공지능	정보의 특징을 학습하고 스스로 생각하는 단계로 컴퓨터가 지시된 일을 효과적으로 수행하기 위해 관련된 데이터를 분석하고 학습하여 가장 최적의 로직을 찾아냅니다. 즉 스스로 수많은 시행착오를 거쳐 최적의 방법을 찾아내는 것입니다. 예를 들어 사람은 숙면 데이터와 주변 환경 데이터를 통해서 컴퓨터가 수면할 때 최적의 환경을 파악하고 잠잘 시간이 되면 스스로 주변 온도와 습도 등을 자동으로 조정해 주거나, 차량과 교통 데이터를 분석하여 스스로 가장 효율성이 높은 교통 시스템을 구축해 나갈 수 있습니다.

스몰데이터에 주목하자

—

〈쥬라기 공원〉〈관상〉

공룡과 같이 수백만 년 전에 멸종된 동물들은

우리가 찾을 수 있도록 그들의 청사진을 남겨 뒀어.

우리는 단지 그것이 어디 있는지 찾기만 하면 돼.

_영화 〈쥬라기 공원〉에서

빅데이터는 과거의 흔적입니다. 마치 사라진 공룡의 화석과 같습니다. 화석을 통해 우리는 과거에 살았던 공룡에 대해서 알 수 있습니다. 그렇다면 오래전에 멸종된 공룡을 복원해 낼 수도 있을까요.

1993년에 개봉된 〈쥬라기 공원〉은 이러한 상상에서 만들어진 영화입니다. 공룡의 DNA를 얻을 수 있다면 공룡을 복원할 수 있다는 아이디어에서 출발합니다. 호박 속에 갇혀 보존된 모기에 있던 공룡의

피 한 방울을 통해 공룡을 복제해 낸다는 아이디어는 영화가 나올 당시 많은 화제가 되었답니다. DNA 안에는 몸집, 생김새, 인체 내 구조, 혈액형, 행동 특성, 유전 질병의 정보가 담겨 있습니다. 마치 공룡의 설계도 같죠.

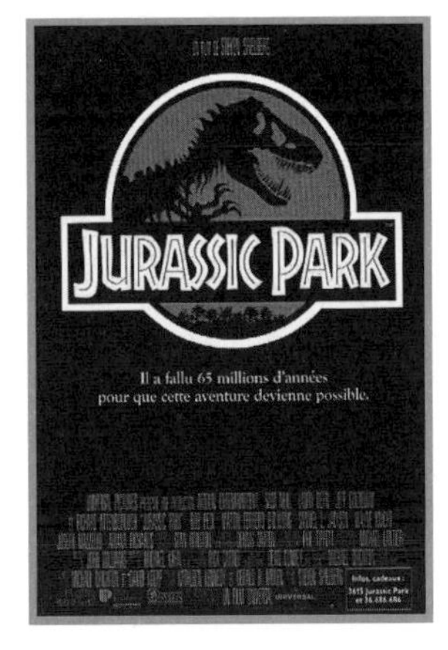

| 영화 〈쥬라기 공원〉 포스터

실제로 러시아, 일본 과학자들은 2만 8000년 전에 살았던 매머드 세포 조직을 배양해 세포의 움직임을 회복하는 데 성공했다고 합니다. 매머드는 멸종해 버렸지만 시베리아 영구동토에 매머드 사체가 그대로 보존되어 있습니다. 과학자들은 냉동 상태로 있던 매머드에서 유전자, 세포를 복원해 멸종한 매머드를 복원하려고 시도하고 있습니다. 이처럼 아주 작은 단서라도 얻을 수 있다면 전체를 추정해낼 수 있습니다.

우리의 흔적은 DNA, 세포만 있는 것이 아닙니다. 친구와 나눈 대화, 게시판에 올린 글이나 사진은 여러분의 세포 조각과도 같은 것입니다. 거대한 얼음 속에 매머드의 사체가 저장되듯이 빅데이터 형태로 여러분의 샘플이 계속해서 디지털 세상에 담기고 있습니다. 지금에야 퇴적층에서 공룡의 화석을 찾아 그 비밀을 풀어내는 것처럼, 먼 미래에 이러한 정보들이 어떤 가치를 지닐지 지금은 알지 못할 수 있습니다. 그 옛날 공룡이 몰랐던 것처럼 말이죠.

빅데이터의 한계를 이야기하다

빅데이터 얘기가 주목받으면서 많은 사람들은 데이터 안에 모든 것이 들어 있을 것이라고 생각할 수 있습니다. 하지만 이것은 공룡이 남긴 혈액처럼 퍼즐의 핵심 조각과 같습니다. 우리는 일반적으로 데이터를 통해 집단의 특성을 파악하고, 그것을 알기 위해 실험이나 조사 방법이 발달해 왔지만 그 한계도 분명 존재합니다.

애플의 스티브 잡스는 "혁신은 시장 조사로 이루어지지 않는다"라는 말을 했습니다. 어떤 신제품이 필요한지 미리 요구하는 고객은 없다는 것입니다. 대다수 고객은 출시된 신제품을 보고 나서야 자신의 욕망을 발견합니다. 시장 조사를 통해 이런 욕망을 파악하기란 쉽지 않습니다. 고객은 자신이 무엇을 원하는지 알지 못하기 때문입니다.

예를 들어 2000년도로 돌아가 사람들에게 필요한 스마트폰 기능을 조사한다면 제대로 답변할 수 있는 사람은 거의 없을 것입니다. 대부분 당시 사용하던 휴대전화 수준에서 생각하고 고민해 볼 것이기 때문입니다. 실제 스마트폰을 사용해 보기 전까지는 존재하지 않는 영역에 대한 자신의 욕구를 느끼기란 사실 어렵습니다.

이렇듯 빅데이터를 통해 본체를 알아내는 작업은 마치 커다란 항아리에 큰 돌을 집어넣어 채우는 것과 비슷합니다. 그 돌이 쌓인 모양을 통해 항아리의 형체는 파악할 수 있지만 항아리 안에는 빈 공간이 많습니다. 왜냐하면 데이터는 어떤 행동에 있어 특정 부분만 기록으로 남는 형태이기 때문입니다.

이러한 빈 부분은 세밀하게 관찰한 정보를 통해 메울 수 있습니다. 바로 관찰을 통해 처음 본 사람에 대해서 알아내는 명탐정 셜록 홈스의 수사 방식과도 같지요. 아무리 빅데이터가 발전해도 예전의 셜록 홈스와 같은 관찰적인 접근을 통해서 얻을 수 있는 정보의 효용성은 여전히 높습니다. 이러한 관찰된 정보들을 '스몰데이터'라고 합니다. 스몰데이터는 개인의 취향이나 필요, 건강 상태, 생활양식 등 사소한 행동에서 나오는 정보들을 말합니다. 이러한 스몰데이터를 통해 빅데이터의 빈 공간을 메울 단서를 찾을 수 있습니다.

스몰데이터는 사물을 보는 관상

예로부터 우리는 사주팔자, 손금, 관상에 그 사람의 운명이 기록돼 있다고 믿었습니다. 사람 얼굴에 삶의 모습에 대한 단서가 들어 있다고 생각한 것이죠. 사람들은 성장하면서 나이, 영양 상태, 정서 상태, 환경에 따라 얼굴에 나타나는 인상이 달라집니다. 관상은 얼굴에 나타난 이런 미세한 차이나 특징을 통해 그 사람의 삶이나 생각을 추리할 수 있다고 봅니다. 이런 관상의 원리는 바로 현재는 과거의 반영이라는 원칙에 따릅니다. 바로 경험의 과학이랍니다.

영화 〈관상〉은 천재 관상가 내경이라는 사람의 이야기입니다. 김내경은 원래 선비였으나 역모에 휩쓸리는 바람에 집안이 몰락하고 나서 시골에서 조용히 살고 있었습니다. 세상과 담을 쌓고 살아가려 하지만 왕권을 뺏으려는 수양대군과 이를 지키려는 김종서의 대결에 이용되며 역사적 소용돌이 속으로 휩쓸려 들어가 아들을 잃고 맙니다.

아들을 잃은 김내경은 바다를 보면서 이렇게 한탄합니다.

“나는 사람의 얼굴을 봤을 뿐 시대의 모습을 보지 못했소…. 난 파도만 보았소. 파도를 만들어 내는 건 바람인 것을 ….”

이런 실수는 빅데이터를 분석하는 과정에서 흔히 발생합니다. 빅데이터는 파도가 쓸고 간 흔적과 같습니다. 그래서 빅데이터의 분석 결과는 파도가 친 시간이나 파도 세기, 형태인 경우가 대부분입니다. 결국 우리는 그 파도만 해석하고 대비하지요. 그러나 김내경의 한탄처럼, 중요한 것은 그 파도를 일으킨 바람의 정체를 파악하는 것입니다.

인간의 욕구는 크게 표현 욕구와 내면 욕구로 나누어 볼 수 있습니다. 표현 욕구는 “시원한 탄산음료를 마시고 싶다, 피자가 먹고 싶다”와 같이 구체적인 욕구이고 내면 욕구는 우리가 자각하지 못하거나 드러나지 않게 내부에 숨겨진 욕구를 말합니다. 즉 사람이 쉽게 인지할 수 없고 쉽게 표현할 수 없는 욕구가 바로 내면 욕구입니다. 우리는 어떤 사람의 행동을 통해서 그 사람의 내면 욕구를 읽을 수 있습니다. 예를 들어 거짓말을 하는 사람들은 보통 손으로 코를 만지거나, 머리를 가다듬거나, 양말이나 옷을 당기거나, 입술을 문지르는 등 손이 불안정한 행동을 한다고 합니다.

또한 걸핏하면 대드는 사람은 사실 마음이 약해 상대방에게 직접 원하는 바를 말할 수는 없어서 대드는 행동을 취하는 경우도 있습니다. 자기도 모르게, 내가 이렇게 힘들다는 걸 상대방이 좀 알아줬으면

하는 마음에서 나오는 행동이지요.

이렇게 관찰되는 스몰데이터는 고객들의 작은 행동 하나까지 파악해 생성되는 데이터입니다. 이런 사소한 행동을 통해 실제로 무엇을 원하는지 파악할 수 있답니다. 따라서 스몰데이터는 어떤 행동에 대해 왜 그때 그런 행동을 하는지 원인을 알아내는 데 유리합니다.

반면에 빅데이터는 일어난 사건의 결과이므로 그 사건이 일어난 배경에 대한 상호 관계를 찾는 데 많이 활용합니다. 예를 들어 특정 연령이나 특정 시기에 어떤 행동을 많이 하는가를 알아내는 것입니다. 빅데이터 전문가들은 빅데이터와 스몰데이터의 적절한 조합을 통해 더 나은 분석을 내놓을 수 있다고 조언합니다. 즉 두 정보를 적재적소에 활용하는 전략이 중요합니다.

스몰데이터는 가설을 통한 빠른 문제 해결에 유리하다

빅데이터 분석을 하기 위해서는 먼저 어떤 데이터에 접근해야 할지 결정해야 합니다. 말 그대로 엄청난 양의 데이터를 모두 분석해 보자고 덤벼드는 것은 너무 무모하기 때문입니다. 그러므로 현재 직면한 문제를 해결을 하기 위한 가설을 세워 접근하는 것이 효율적입니다. 가설이란 가상으로 세워 보는 결론입니다.

이런 가설을 세우기 위해서는 인터뷰처럼 고객과 직접 접촉하거나 일상 속 행동을 관찰함으로써 그들의 진짜 속마음을 간파하는 작업이 필요합니다. 이를 통해 문제의 본질을 제대로 정의할 수 있습니다. 바로 스몰데이터를 통해 가설을 세워 보는 작업이 필요한 것입니다. 이렇게 만들어진 가설을 빅데이터를 통해 확인해 볼 수 있습니다.

그렇다면 스몰데이터가 유용하게 활용된 사례를 살펴볼까요.

오픈마켓 '11번가'는 2012년 터키 시장에 진출했습니다. 터키 소비자들은 택배가 너무 늦게 도착해서 짜증이 난다는 불만을 제기했다고 합니다. 그 불만의 내막을 살펴보니 터키는 한국과 달리 경비실이나 여타의 장소에 택배를 맡기기 어려워 한번 택배를 놓치면 언제 다시 받을지 알기 어렵다는 사실을 알아냈습니다.

터키인들이 실제보다 배송 시간을 더 길게 느끼는 것은 절대적인

시간의 문제가 아니라, 언제 도착할지 모르는 막연한 기다림과 불확실성이 주는 불안감 때문이었습니다. 그래서 택배 시간을 단축하는 것보다 '주문한 물건'이 언제 도착할지 정확하게 예측할 수 있는 시스템을 구축했습니다. 만약 빅데이터 분석 결과만 활용했다면 배송 프로세스를 효율적으로 개선하기 위해서만 힘을 쏟았을 것입니다.

코카콜라는 아랍 시장에 광고했다가 실패한 사례가 있습니다. 광고는 사막에 뻗어 있는 사람이 콜라를 마시고 뛰어가는 내용이었습니다. 그런데 아랍 사람들은 오른쪽에서 왼쪽으로 읽기 때문에 광고 내용이 거꾸로 읽혀서 펄펄 뛰어다니는 사람이 콜라를 마시고 뻗어 버리는 내용이 되어 버린 것입니다. 스몰데이터가 아니었다면 왜 아랍 사람들에게 콜라 광고에 대한 이미지가 좋지 않은지 파악하기 힘들었을 겁니다. 왜냐하면 그 광고는 현재 콜라를 마시고 있는 사람들에 대한 빅데이터를 분석해서 메시지를 만들어 제작했기 때문입니다.

로봇청소기 룸바도 빅데이터 분석 결과, 제품의 소음과 부피를 줄여야 한다는 의견이 나왔다고 합니다. 그러나 스몰데이터를 분석해 보니, 소비자들은 룸바를 가전제품이 아니라 반려동물처럼 다뤘고 애칭까지 지어 불렀다는 걸 알게 되었습니다. 소비자들은 오히려 '우웅' 하는 소리와 귀여운 디자인 등을 중시하고 있었던 겁니다. 그래서 소음을 줄이는 첨단 기술보다는 룸바의 감성적인 요소를 되살리는 방향으로 개선했습니다. 이렇게 제품에 소리와 움직임과 같은 감성적인 요소를 더하자 매출이 전보다 크게 늘어났다고 합니다.

4차 산업혁명 시대 필요 인재, 데이터 사이언티스트

—

〈모던 타임즈〉 〈아마겟돈〉

> 사람들은 제가 천부적인 재능을 타고났다고 말합니다.
>
> 하지만, 그 사람들은 알지 못합니다.
>
> 한 번을 웃기기 위하여 100번 넘게 연습한다는 사실을요.
>
> _〈찰리 채플린〉

빅데이터는 무려 '4차'까지 도래한 산업혁명이라는 거대한 물결을 아주 적극적으로 이끌어 가는 요소입니다. '산업혁명'이라는 용어는 영국의 역사학자이자 문명 비평가인 아놀드 조셉 토인비가 처음 사용했습니다. 이 말은 인류의 산업 활동이 급격하게 바뀐 것을 의미합니다. 그런데 '산업혁명'하면 가장 먼저 떠오르는 영화가 있습니다. 바로 1936년에 찰리 채플린이 연출하고 주연한 〈모던 타임즈〉입니다.

〈모던 타임즈〉는 찰리 채플린의 대표작으로 산업화 속에서 거대한 기계의 부속품과 같이 변모해 버린 인간의 삶을 잘 보여 주는 영화입니다. 영화 속 공장 노동자들은 행동 하나하나를 감시당하고 있었으며, 경영자가 일의 효율을 올리기 위해서 기계의 움직이는 속도를 높이면 사람들은 기계가 돌아가는 속도에 맞춰 바쁘게 일을 해야 합니다.

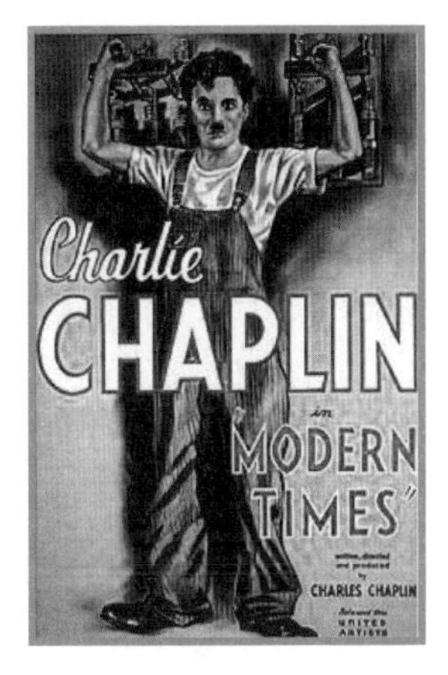

| 영화 〈모던 타임즈〉 포스터

영화 〈모던 타임즈〉는 미국의 산업혁명을 토대로 만들어졌다고 합니다. 미국은 1차 세계 대전 이전까지인 1860년부터 1910년까지 약 50년간 급속한 산업화를 이루었습니다. 이 산업화 시대에 국민의 1%가 전체 소득의 87%를 차지할 정도로 빈부 격차가 심했고, 노동자의 주당 평균 노동 시간이 60시간이나 되었다고 합니다.

4차 산업혁명은 인류에게 행복을 안겨다 줄 것인가

'미래의 사라질 일자리'라는 주제의 기사들을 보고 있으면 과거 '러다이트 운동'이 생각납니다. 1차 산업혁명은 18세기 후반에 사람 손으로 농사를 짓고 옷을 만들어 팔던 시대에서 증기 기계가 발명됨으로써 기계가 사람의 노동을 대체하는 시대로 바뀐 것을 말합니다. 1차 산업혁명 때는 방직 기계가 등장하여 수공업으로 제품을 생산하던 많은 사람이 일자리를 잃었습니다. 당시 사람들은 기계에 일자리를 모두 빼앗길지 모른다는 불안감에 기계를 파괴하기 시작했습니다. 1811~1817년에 일어난 이 사건을 '러다이트 운동(luddite movement)'이라고 부릅니다. 네드 러드(Ned Ludd)라는 인물이 이 운동을 주도했기에 러다이트 운동이라는 이름이 붙어졌다고 합니다.

이렇게 기계가 사람의 일을 대체하는 상황은 기술의 발달에 따라 지속적으로 일어나고 있습니다. 1960년대에 들어 자동화 기술의 발달로 공장의 노동자들이 산업용 로봇에 밀려나 서비스업으로 전환해

| 러다이트 운동

야 했습니다. 1980년대에 들어 컴퓨터가 보급되자 타이피스트가 사라졌습니다.

영국의 경제 분석기관 '옥스퍼드 이코노믹스' 보고서에는 2030년이면 로봇이 전 세계 2000만 개의 제조업 일자리를 대체할 것이라고 말합니다. 하지만 기계가 일자리를 차지한다고 해서 그 일에 종사하던 사람이 모두 실업자가 되는 것은 아닙니다. 기계가 새로운 직업을 창출하기도 하기 때문입니다.

예를 들어 3차 산업 혁명을 거치면서 농부의 수는 줄었지만 대신 비료와 농업 기계 공장이 세워졌습니다. 또 종자 개량 등을 위한 유전 공학자와 생명 공학자, 그리고 가공식품 종사자와 같은 간접 일자리가 늘어났습니다.

농업의 예처럼 기술 수준이 낮은 분야는 로봇과 인공지능으로 대체되고 기술 수준이 높은 일자리가 새로 생길 가능성이 큽니다. 미래학자 토머스 프레이는 미래 일자리 중 60%는 아직 만들어지지도 않았다고 이야기합니다. 크리에이터도 불과 몇 년 전까지만 해도 존재하지 않은 직업이었던 것처럼 말이지요. 미래에는 지금 우리가 알지 못하는 새로운 직업이 많이 생길 것입니다.

그렇다면 어떤 분야에서 일자리가 늘어날 것으로 예측되고 있을까요. 바로 마케팅과 금융, 매니지먼트, 컴퓨터, 수학, 통계, 데이터와 관련된 분야 같은 직관적인 판단이 필요하거나, 논리적이고 수학적인 사고가 필요한 직종은 계속 늘어날 것으로 예상합니다. 또 인문학, 예술과 같은 창의력과 사회적 지성이 필요로 하는 분야도 로봇에게 대체되기는 어려울 것입니다.

인공지능 시대에 무엇을 준비해야 하는가에 관한 책『에이트』를 쓴 이지성 작가는 인공지능에 대체되지 않는 공감 능력과 창조적 상상력을 길러야 한다고 말하며, 여덟 가지 방법을 제시하고 있습니다. 먼저 디지털을 차단하라고 말합니다. IT 기기를 차단하는 능력을 갖추지 못한 사람들은 결국 IT 기기에 중독되고 종속될 것이라고 예견합니다. 그보다는 사람들과 대화하고 공감하는 능력이 중요하다고 말합니다.

또한 지식 위주의 교육에서 공감과 창조적인 상상력을 기르는 교육이 필요하다고 말합니다. 즉 깊게 생각하는 능력, 생각을 다듬는 능력, 생각을 표현하는 능력, 다른 사람과 공감하는 능력을 길러야 한다는 것입니다. 이를 위해서 독서와 여행을 하고 다른 사람과 더불어 사는 삶을 권합니다.

미래에 주목받는 전문가 '데이터 사이언티스트'

미래 직업에 대해 예상하는 것이 어렵다면 미래 사회가 어떻게 변할 것인지 살펴보면 도움을 얻을 수 있습니다. 빅데이터 시대란, 말 그대로 데이터가 마구 생산되는 시대입니다. 이런 빅데이터를 수집하고 저장, 추출하고 가공할 수 있는 코딩 능력과 이를 분석해 통찰력을 끄집어낼 수 있는 능력이 필요해질 것입니다. 스웨덴 통계학자인 한

스 로슬링은 “데이터는 세상을 들여다보는 창(窓)이다”라고 말하며 미래에 데이터 활용의 중요성을 강조했지요.

따라서 미래 주요 직종으로 데이터 사이언티스트가 주목받고 있습니다. 데이터 사이언티스트는 기존 데이터에서 정보를 뽑아내던 데이터 분석가와는 달리, 필요한 기초 데이터를 모으고 가공·분석하여 경영에 필요한 전략적인 통찰력을 제공할 수 있는 전문가를 의미합니다.

왜 이런 융합적인 인재가 필요해질까요. 미래에는 제조, 생산, 유통, 서비스 분야에 정보 통신 기술이 결합해 새로운 변화가 일어날 것으로 예상합니다. 이를테면 의료와 IT가 융합되고 금융과 IT, 제조와 IT가 융합되는 것이지요.

따라서 기존의 데이터 엔지니어, 통계 분석가, 마케팅 전문가 등으로 나뉘던 업무가 융합되어 주어질 것이고, 통계 분석가를 넘어 컴퓨터, 사회, 경제, 경영, 인문 등 여러 학문을 융합하여 시너지를 낼 수 있는 인재가 필요해질 것입니다. 또한 의료, 금융, 제조 기술 분야 같은 전문가들도 앞으로는 컴퓨터, 수학, 통계적인 지식이 필요해질 전망입니다.

미래의 생존 전략은 연결과 융합이다

영화 〈아마겟돈〉에서는 지구를 향해 다가오는 소행성으로 인한 인류의 위기를 그려 냅니다. 소행성과 충돌하면 공룡처럼 인류가 멸망할 수도 있는 위기에 처한 것이지요. 전 세계 과학자들이 토론한 결과, 소행성에 구멍을 뚫고 핵폭탄을 넣어 폭발시켜서 두 조각 내는 방법을 시도합니다. 지구와 충돌하기까지 남아 있는 시간은 18일밖에 되지 않습니다. 급히 이 일을 맡길 적임자를 찾아야 합니다. 하지만 적임자는 누구 하나로 딱 꼽히지 않습니다. 왜냐하면 우주 비행사는 지층의 구멍을 뚫는 방법을 모르고, 구멍을 잘 뚫는 기술자는 우주 비행을 할 줄 모릅니다. 결국 그들은 협력해서 지구를 구하게 됩니다.

이렇게 어떤 문제를 해결하기 위해서 한 가지 재능만으로는 어려운 경우가 많습니다. 미래 사회에는 천재 한 사람에 의해 움직이기보다 다양한 능력을 갖춘 여러 사람들이 모여 일하는 체계로 나아갈 것입니다. 모든 분야에 대해 한 개인이 월등한 능력을 갖추는 것이 매우 어렵기 때문입니다.

시스템도 하나의 막강한 기능을 가진 구조보다는 작지만 다양한 두

뇌가 병렬적으로 연결된 구조가 큰 힘을 발휘합니다. 오늘날 민주주의가 계속 발전하고 있는 것도 이러한 이유에서이죠. 독재주의는 막강한 능력을 갖춘 중앙 집중식 프로세스이지만 민주주의는 다른 생각을 가진 많은 사람들이 서로 연결되어 발전해 나가는 구조이기 때문입니다.

엔터테인먼트 업계에서 이런 연결의 전략을 가장 잘 수행하는 곳이 바로 마블 영화사입니다. 마블 영화를 보면 캡틴마블, 캡틴 아메리카, 아이언맨, 스파이더맨, 앤트맨, 토르 등 각 영화의 주인공들이 하나의 통합된 세계관을 유지하고 서로 긴밀히 연결되어 있습니다. 주인공 영화 하나를 보면 개별적인 이야기이지만 결국에는 모두 하나의 세계관으로 이어지는 구조입니다. 따라서 등장인물의 배경과 캐릭터를 알기 위해서는 모든 마블 영화를 볼 수밖에 없고 다른 캐릭터가 나오는 영화도 궁금해지게 만듭니다.

미래는 이런 연결의 힘이 지배하게 될 것입니다. 역사학자 유발 하라리는 자신의 저서『호모 데우스』를 통해 미래 생존 전략을 이렇게 얘기합니다. 지난 7만 년 동안 인류의 정보처리 프로세스는 지구상에서 가장 효율적인 방법이었습니다. 만약 이보다 더 효율적인 정보처리 프로세스(인공지능과 같은)가 나타난다면 인류의 프로세스는 의미가 없어질 것입니다. 빅데이터를 활용한 인공지능이 인간보다 더 우월한 알고리즘을 개발해 나갈 가능성이 크기 때문입니다. 1차 산업혁명 이후 인간이 공장의 기계 부품과 같은 존재로 전락했던 것처럼, 4차 산업혁명 이후 인간은 데이터를 생산해내는 공장이 될 수 있습니다.

그렇다면 앞으로 인간은 어떤 생존 전략이 필요할까요. 유발 하라리는 시스템 효율을 높이는 방법을 이렇게 제시하고 있습니다.

첫째, 프로세스 수를 늘린다. 1명보다는 10명이, 10명보다는 100명일수록 같은 시간에 더 많은 일을 처리할 수 있습니다. 둘째, 프로세스의 다양성을 늘려야 한다. 다양성은 창의성을 높여 줍니다. 셋째, 프로세스 간의 연결을 늘려야 한다. 다양한 프로세스들이 가능한 많이 모여 서로 연결하고 교류해야 한다는 의미입니다.

『콘텐츠의 미래』라는 책을 쓴 바라트 아난드는 미래에는 '최고의 제품을 만들어야 한다'는 콘텐츠 함정을 벗어나라고 말하며, 연결과 융합이 창조하는 시너지에 집중해야 한다고 말합니다. 왜냐하면 창의성은 대부분 개념의 조합과 결합에서 일어납니다. 기존의 틀에서 그대로 답을 도출하는 것이 아니라 조합을 통해서 새로운 것을 만들어 내는 것입니다. 수학자 자크 아다마르는 "무엇이든 만들어 내려면 두 가지가 있어야 한다. 하나는 조합을 만들어 내는 것이고, 다른 하나는 원하는 것과 이전 사람들이 전해 주었던 엄청난 정보들 속에서 중요한 것이 무엇인지를 선택하고 인지하는 것이다"라고 말했습니다.

미래를 전망하는 이들과 수학자가 입을 모아 하는 말처럼 미래에는 연결과 융합을 통해 새로운 세상이 펼쳐질 것입니다. 여러분의 오늘 하루는 여러 줄의 데이터로 남아 있을 것입니다. 하지만 그 데이터들이 연결되고 교류한다면 우리는 새로운 미래를 설계할 수 있을 것입니다.

우리 삶의 모습을 바꾼 산업의 변화를 살펴봅시다!

1차 산업혁명은 농사나 수공업 위주 사회에서 증기기관이 발명되어 공장에서 대량 생산이 가능해진 시대를 말합니다. 증기 기관차와 증기선을 만들어 운송 방법도 바뀌었지요. 18세기 영국을 중심으로 시작되었고 이때는 석탄을 태워서 나온 증기의 힘으로 기계를 움직였습니다.

2차 산업혁명은 전기 에너지를 통해 대량 생산 시대에 접어든 시기를 말합니다. 석유를 사용해서 전기를 생산하고 공장을 자동화했지요. 이때부터 자동차와 같이 모든 기계가 석유와 전기로 움직이게 됩니다.

3차 산업혁명은 컴퓨터와 인터넷과 같은 정보 통신 기기의 발전으로 이룩한 지식정보 산업 시대입니다. 1, 2차 산업혁명이 주로 기계, 즉 하드웨어 측면에서 발전이었다면 3차 산업혁명은 소프트웨어 즉 정보화 혁명이라고 일컫습니다. 이때부터 사람들은 인터넷이나 스마트폰을 통해 누구나 정보를 소유하고 활용할 수 있는 시대에 접어들었습니다.

4차 산업혁명은 인공지능과 IOT(사물 인터넷) 등 정보 통신 기술이 경제, 사회 전반에 융합되어 나타나는 변화를 얘기합니다. 이러한 시대를 앞두고 빅데이터가 주목받고 있습니다.